# COSMIC

우 주

BIG QUESTIONS

사진으로 이해하는 우주의 모든 것

# COSMIC

## 우 주

브라이언 메이 · 패트릭 무어 경 · 크리스 린톳 지음 ｜ 김도형 옮김

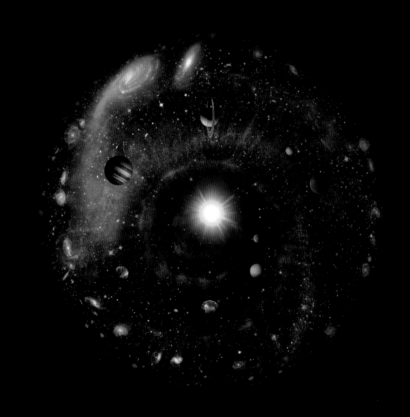

## BIG QUESTIONS

# 우주

ⓒ 브라이언 메이·패트릭 무어 경·크리스 린톳, 2012

**초판 1쇄 인쇄일** 2017년 4월 10일
**초판 1쇄 발행일** 2017년 4월 20일

**지은이** 브라이언 메이·패트릭 무어 경·크리스 린톳
**옮긴이** 김도형
**펴낸이** 김지영    **펴낸곳** 지브레인Gbrain
**편집** 김현주, 백상열
**제작·관리** 김동영    **마케팅** 조명구

**출판등록** 2001년 7월 3일 제2005-000022호
**주소** 04047 서울시 마포구 어울마당로 5길 25-10 유카리스티아빌딩 3층
**전화** (02)2648-7224    **팩스** (02)2654-7696

**ISBN** 978-89-5979-488-1(04440)
　　　　978-89-5979-436-2(04400) SET

• 책값은 뒤표지에 있습니다.
• 잘못된 책은 교환해 드립니다.

# CONTENTS

머리말 10

독자들에게 드리는 말씀 11

001 행성 지구 14

002 메리 댄서 16

003 우주를 바라보는 눈 18

004 달은 얼마나 높이 떠 있을까? 20

005 트랜퀼리티 베이스 22

006 직선 벽 24

007 달에서의 물 25

008 달의 독재자 26

009 천재 아리스타르코스 27

010 달의 무지개 만 28

011 달의 어두운 면 29

012 드디어 태양에 오다 30

013 다른 빛에서 본 태양 32

014 태양 내의 폭풍 34

015 태양의 심장 36

016 혜성과의 조우 40

017 신의 사자 42

018 열의 분지 44

019 수성 착륙 45

020 둘러싸인 행성 46

021 금성의 구름 밑으로 48

022 인간이 만든 일식 50

023 먼지 알갱이들 52

024 위기일발? 53

025 데이모스에 들르다 54

026 화성으로 가는 길 56

027 모래시계 바다 58

028 올림푸스몬스 화산 60

029 피닉스의 비행 62

030 탐사선 스피릿과 오퍼튜니티를 만나다 64

031 화성의 물을 찾아서 68

032 에로스 69

033 가장 밝은 소행성 70

034 가장 큰 소행성 71

035 딥 임팩트 72

036 마지막 소행성 73

037 위험한 거대 행성 74

038 대적점 76

039 얼음과 불의 세계 78

040 가장 매끄러운 세계 80

041 목적지는 토성 82

042 토성의 바큇살 84

043 가스 혹성 86

044 흑과 백 88

045 외계 호수 89

046 엔셀라두스의 샘 90

047 천왕성 92

048 최외곽 혹성 94

049 트리톤 96

050 명왕성 97

051 세드나 98

052 방랑자와의 만남 99

수오미(Suomi) NPP 위성에서 촬영한 지구(2012년).

면, 과연 여러분은 지구를 보면서 무슨 생각을 할까? 아마 가장 먼저 눈에 띄는 현상은 밤인데도 불구하고 지구를 환하게 비추는 불빛들일 것이다. 외계인이 된 여러분은 이 조명들을 보고 "이것이 자연적인 현상인가?" 궁금해 할 것이다. 아마도 복잡하게 배열된 불빛들을 좀 더 자세히 살펴보면 이 불빛들이 인공적인 현상이라는 답을 쉽사리 얻을 수 있을지도 모른다.

여러분이 지구의 궤도에서 작은 쌍안경으로 지구를 관찰하면 문명의 흔적을 쉽게 찾을 수 있다. 도시, 길, 배가 지나간 자리에 남은 물결까지도 볼 수 있다. 또한 식물들이 끊임없이 산소를 제공하고 있는 지구의 대기도 생명의 존재 여부에 대해 많은 것을 알려줄 수 있다. 아마 지구에 사는 우리도 언젠가는 이와 같은 방식으로 외계의 생명을 찾게 될지 모른다. 어찌 되었든 외계인은 우리 행성이야말로 생명이 살아가기에 적합한 장소라고 확신할 것이다. 그러나 인간이 외계 문명에게 지적 생명체로 인식될 것인가에 대해서는 아직 알 수 없다.

우리는 우주에서 유일무이한 존재가 아니다. 사실 지구 주위는 수백만 개의 잔해로 상당히 어수선하다. 대부분은 우주 탐사 미션에서 발생한 금속 조각 잔해들이고 1000여 개는 인공위성이다. 일부는 충돌에서 비롯된 잔해이며, 무기 실험 중에 생겨난 위성 잔해 그리고 오래된 로켓 연료통의 잔해들도 있다. 가장 인기 있는 궤도는 이미 혼잡하고, 위성들은 서로 간의 충돌을 피해 움직여야 한다.

최초의 우주 시대가 열린 1957년 인공위성 스푸트니크 1호의 출발을 생각해 보면, 짧은 시간에 이 모든 활동이 일어난 것은 믿기 어려울 정도다. 우주에 도달하기 위한 노력은 이전에도 있었다. 1600년경에 중국의 과학자 완후$^{Wan-Hu}$는 47개의 화약 로켓에 자기 몸을 묶고 하인들에게 동시에 불을 붙이라고 지시했다고 한다. 물론 완후드의 실험은 성공하지 못했지만, 적어도 당시에는 미션 실패로 지구 상공에 잔해가 남을 걱정을 할 필요는 없었을 것이다.

ISS에서 촬영한 태평양의 일출 사진. 뇌우의 상단 모습도 나타나 있다.

# 메리 댄서*

현재 프톨레미호의 위치에서 궤도를 따라가면 지구 표면을 빠르게 살펴볼 수 있다. 현 고도에서 지구를 한 바퀴 도는 데 걸리는 시간은 약 90분 정도다. 또한 우리가 극지방의 밤과 낮을 나누는 날짜변경선을 지나게 되면 높은 대기층에서 반짝이는 빛을 발견할 수 있을 것이다. 사실 북극과 남극은 가장 밝을 때 녹색 빛의 고리로 둘러싸여 있다.

우리는 이것을 '사랑스러운 북극광' 오로라라고 부른다. 하늘에서 본 오로라는 땅에서 볼 때와 꽤 다르게 보인다. 지면에서 본 오로라는 완전한 고리 형태가 아니라, 수평선과 나란히 뻗어 있는 원호처럼 보이거나, 혹은 드물게 커튼 형태로 보인다. 이 북극광을 어두운 곳에서 보면 꽤 으스스한 광경을 연출하기도 한다. 그 때문에 북극광에 얽힌 전설도 여러 가지 있다. 스코틀랜드에서는 북극광을 '메리 댄서'라고 부르며, 핀란드에서는 '불의 여우'라 부르기도 한다. '불의 여우'란 이름은 북극광의 모양이 라플란드에 살던 불로 만들어진 여우가 하늘로 올라갈 때 보이는 꼬리라는 설이다. 또한 고대 스칸디나비아의 전설에 따르면, 북극광은 북극해에서 헤엄치는 빛나는 청어 떼에 빛이 반사되어 나타나는 현상이라고 전해진다.

그러나 북극광의 실체는 아쉽게도 이들 전설에 비해 매력이 덜하다. 지구는 텅 빈 우주 공간이 아닌, 태양을 중심으로 하는 태양계의 에너지 입자들의 흐름 안에 존재한다. 이 에너지 입자들이 지구로 접근하면 대부분 자기장에 의해 튕겨나가지만, 이 중 일부는 지구의 극을 타고 아래로 흘러 대기층 상부의 분자들과 충돌한다. 이러한 충돌로 자극된 분자들이 북극광과 남극광을 만들어내는 것이다. 이 빛은 지구의 자기장을 따라 형성되기 때문에 우주에서는 고리 형태로 보인다.

태양풍은 일정한 속도로 불지 않으며, 때때로 돌풍을 일으키기도 한다. 태양이 활발하게 활동하면 태양풍도 거세지고, 이에 영향을 받아 오로라도 적도를 향해 내려온다. 경우에 따라서는 남유럽에서도 드물게 관측되고, 1908년의 경우 싱가포르에서도 오로라가 보였다고 한다. 하지만 여러분은 굳이 기다릴 필요 없이, 지구 양극에 가까이 가면 오로라를 관측할 확률이 높아진다. 그러나 너무 가까이는 가지 않는 편이 좋다. 지구의 양극은 오로라 밑에 존재하는 것이 아니라 오로라 중심에 존재하기 때문에 자칫하면 관측하기에 좋은 자리를 지나칠 수도 있다.

지구의 오로라는 찾기 힘들지만 결코 잊을 수 없는 장관을 연출한다. 이렇게 멀리서 보는 우리들조차 감탄을 자아내지 않는가! 자, 마지막으로 우리의 행성을 떠나기 전에 지구의 궤도를 돌고 있는 허블 우주망원경에 대해 살펴보자.

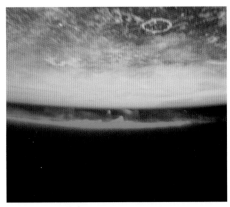

국제우주정거장(ISS)에서 관측한 오로라. 상단의 원 모양은 캐나다의 메니쿼건 강 분화구이다.

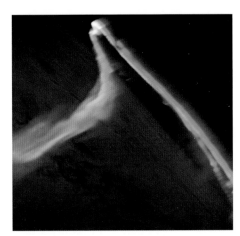

국제우주정거장(ISS)이 관측한 인도양 상단에서 본 오로라.

오른쪽 국제우주정거장(ISS)이 관측한 미국 중서부 지역의 오로라.

---

* 북극광(northern light)의 빛이 파장의 변화 없이 오르내리는 현상을 가리키는 말.

# 우주를 바라보는 눈

인간이 만든 수많은 인공위성들 중에 특히 천문학자들에게 특별한 위성이 있다. 천문학자들은 우주 시대가 도래하기 한참 전부터 지구 대기의 영향을 벗어난 위치에 망원경을 두고 싶어 했다. 지표면에서는 과도한 불빛들 때문에 제대로 된 천체 관측이 어려웠기 때문이다. 1990년 발사된 허블 우주망원경은 이러한 천문학자들의 소망을 이루어주었다. 허블 우주망원경은 인류 역사상 가장 생산적인 과학 기술의 집합체 중 하나로 보아도 과언이 아니다.

물론 어려움이 없었던 것은 아니다. 허블 우주망원경이 지구의 궤도에 진입한 직후 망원경에서 보내오는 영상이 다소 뿌옇게 보였다. 이는 망원경의 주경에 와서 하나가 빠지는 바람에 생긴 문제였다. 다행히 허블 우주망원경은 곧이어 발사된 우주왕복선의 수리 미션을 통해 문제 해결에 착수했다. COSTAR라고 불리는 렌즈를 허블 망원경에 장착하는 작업이 이루어져 기존의 영상 문제를 해결할 수 있었다.

이후에도 허블 망원경의 수리는 계속 이루어져 일부 부품의 교체나 새로운 카메라를 장착하거나 심지어 망원경 내부 깊숙이 위치한 컴퓨터 부품을 수리하기도 했다. 이런 고도의 작업이야말로 우주 프로그램의 뛰어난 성과 중 일부라고 할 수 있다. 또 이 미션들을 수행한 우주비행사들은 허블 망원경을 통해 혜택을 받은 수많은 천문학자들의 영웅이라고도 할 수 있다.

그러나 이제는 과거의 영광이 되었다. 2011년을 마지막으로 우주왕복선 프로그램은 종료되었다. 마지막으로 허블 망원경을 방문한 비행사들은 허블 망원경 폐지를 위한 도킹 스테이션을 설치했다. 이 스테이션은 몇 년 뒤 허블 망원경이 임무를 중단하면 지구 대기권으로 망원경을 끌어내려 불타 없어지게 하는 역할을 할 것이다. 매우 큰 허블 망원경을 궤도 상에 방치할 경우 다른 위험을 불러올 수 있기 때문이다. 그럼에도 불구하고 인류의 천문학에 영광을 안겨준 숭고한 망원경의 최후인 까닭에 다소 안타깝다.

현재 허블 망원경은 태양 빛을 연료 삼아 지구 대기 높은 곳을 항해하고 있다. 앞으로 여러분은 이 책을 읽어나가면서 허블 망원경의 업적을 찾아나갈 수 있을 것이다. 이는 허블 망원경의 관측이 관여되지 않은 영역을 찾아보기가 매우 힘들기 때문이다.

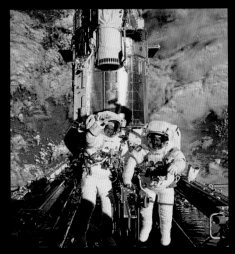

우주비행사 존 그런스펠드와 리처드 리네한이 컬럼비아 우주왕복선 화물칸에서 허블 망원경을 바라보면서 찍은 사진.

허블 망원경을 수리하는 사진. 우주왕복선 로봇 팔 옆에 천문학자 마이클 굿을 찾아볼 수 있다.

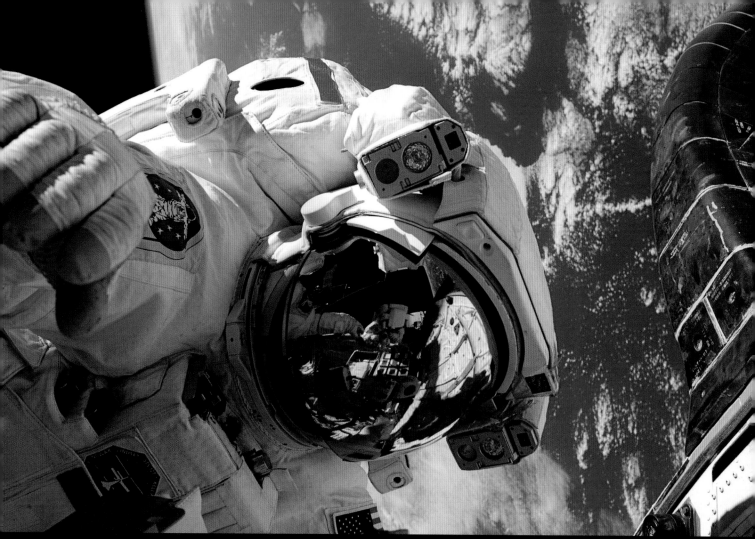

피어스 셀러스가 디스커버리 우주왕복선에서 나와
우주 보행을 시연하는 모습. 사진을 찍은 마이클 포
섬의 모습이 헬멧 바이저에 비쳐 보인다. 우주 보행
이 불가능했다면 허블의 수리도 불가능했을 것이다.

우주왕복선에서 허블 우주망원경이 우주에 떠다니
는 모습을 촬영한 사진. 태양전지판이 접혀 있는
모습.

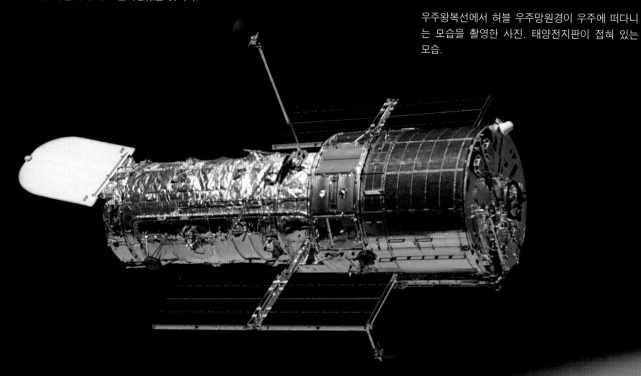

# 달은 얼마나 높이 떠 있을까?

　이제 우리는 프톨레미 우주선의 선체 방향을 지구 밖으로 돌려 우주로 나아갈 것이다. 우리의 첫 행선지는 달이다. 매달 차고 지는 일을 반복해온 은빛의 달은 인류가 출현한 이래로 동경의 대상이었다. 달은 모든 문화권의 전설들과 얽혀 있으며, 로맨스의 상징이기도 했다. 그러나 이제 우리는 가까운 곳에서 삭막한 달의 모습을 관찰할 것이다.

　달은 비유하자면 지구의 '여동생' 같은 존재다. 비록 지구로부터 40만 km나 떨어져 있지만, 우주의 척도로 보면 지구와 매우 가까운 곳에 위치해 있다. 그럼에도 불구하고 인류에게 달까지의 여행은 도전이었다. 빛이 지구에서 달까지 이동하는 데 약 1초 정도밖에 걸리지 않지만, 아폴로호의 우주비행사가 새턴 V라는 당시 가장 강력한 우주선을 타고 달 표면에 착륙하는 데 걸린 시간은 자그마치 3일이었다. 당시 우주선은 좌석이 역방향으로 되어 있어 달 궤도에 진입하기 전까지 우주비행사는 창밖으로 달을 관찰하는 것이 불가능했다.

달 표면 위를 지나는 아폴로 11호 사령선.

　하지만 우리가 탑승한 프톨레미 우주선은 선체 전면의 창문을 통해 달을 관측할 수 있다. 물론 지구에서도 달 표면은 쉽게 관측되지만, 우리가 달에 접근하여 관측하면 보다 자세히 살펴볼 수 있다. 달은 산, 계곡, 분화구 등으로 가득한 자연 경관을 갖추고 있지만 지구와 달리 색깔이 다채롭지는 않다. 또 물과 공기, 그리고 생명이 존재하지 않아 다소 적막함이 흐른다. 아폴로 11호의 우주비행사 버즈 올드린의 말을 빌리면 달은 '위대한 황야'이다.

　달에 착륙하기에 앞서 전체를 한번 살펴보고 가자. 우선 가장 눈에 들어오는 넓은 어두운 지역은 '달의 바다'라고 불리는 곳이다. 사실 이곳은 물과는 관련이 없으며, 수십억 년 전 표면에 흐르던 용암의 흔적이다. 이 지역은 수십억 년 전 용암들이 식어 고체화된 이후부터는 운석의 영향을 받지 않는 한 거의 그대로의 형태를 유지하고 있다고 볼 수 있다. 결과적으로 달의 바다는 주변 지역에 비해 평평하기 때문에 단 한 번을 제외하고 모든 아폴로 미션의 착륙 장소로 활용되었다.

컬럼비아 왕복선에 관측한 월출.

　분화구는 달의 거의 모든 지역에 다양한 크기로 존재한다. 이들은 달의 고지대에 밀집되어 존재하지만, '달의 바다'에서도 일부 찾아볼 수 있다. 일부는 벽을 이루기도 하고, 대부분은 모여서 산을 형성하기도 한다. 일부 분화구는 광조가 수백 km에 달할 정도로 크다. 지구에서 보름달을 관측하면 두 개의 커다란 광조가 보인다. 그중 하나가 16세기 덴마크의 유명한 천문학자 튀코 브라헤의 이름을 따서 지은 남쪽 고지대에 위치한 '티코 크레이터'이다.

　이 분화구의 지름은 80km에 달할 정도로 커서, 프톨레미 우주선을 여기에 착

왼쪽에 보이는 밝은 분화구는 코페르니쿠스이고, 오른쪽에 보이는 어두운 지역 두 개 중 위쪽은 맑음의 바다이며 아래쪽은 고요의 바다이다.

류시키겠다. 달의 광조 중심부는 높은 벽과 푹 들어간 바닥이 특징이다. 그런데 광조의 빛은 어디에 있는 것일까? 광조의 표면은 매우 얇은 퇴적물층으로 이루어져 있어 그림자가 드리우기 힘들다. 그 때문에 특정 각도에서 빛을 받지 않는 한 광조를 가까이에서 관측하기는 매우 어렵다.

일반적으로 분화구는 원형으로 되어 있다. 지구에서 보았을 때 달의 외곽에 위치하는 분화구들이 마치 타원형처럼 보이긴 하지만, 프톨레미 우주선을 조금 움직여 '플라토 크레이터' 위를 지나가보면 확실히 원형 모양이라는 것을 알 수 있다. 자, 우리는 플라토를 지나면서 '달의 알프스'를 뚜렷하게 볼 수 있게 되었다. '달의 알프스'는 넓은 계곡으로 길이가 128km에 달한다.

분화구는 무엇으로 구성되는가? 이것들은 오래된 화산처럼 보이지만 실제로는 운석들의 영향으로 생겨났으며, 매우 오래전에 형성된 것들이다. 달의 전체 표면은 30억 년 전에 일어난 대충돌Great Bombardment로 생겨났는데, 당시 태양계가 오늘날의 형태로 안정을 찾아가는 마지막 과정에서 운석과 소행성 세례를 받았던 것으로 보인다. 물론 지구도 이 같은 영향을 받았을 것으로 보이지만, 지구 판의 지속적인 변화와 날씨의 영향 등으로 지금은 그 흔적을 찾을 수 없다. 그러나 달은 여전히 그 흔적을 담고 있다. 달의 울퉁불퉁한 표면은 태양계 역사의 산 증인이라고 볼 수 있으며, 수십억 년 전에 비해 최근 수백 년 동안에는 상대적으로 변화가 적었던 것으로 보인다. 만약 공룡이 당시에 달을 올려다보았다면, 아마 오늘날 우리가 보고 있는 달과 크게 다르지 않았을 것이다.

# 트랜퀼리티 베이스

비록 우리와 같은 우주여행객들은 빛의 속도만큼 빠르게 이동하는 것이 불가능하지만, 언젠가는 이곳을 방문할 날이 올 것이다. 어쩌면 미래에는 주요 관광지 중 하나가 될지도 모른다. '트랜퀼리티 베이스Tranquility Base'는 우주비행사 닐 암스트롱이 인류가 최초로 지구를 벗어나 달에 첫발을 디뎠던 곳이다. 달 표면의 색조는 그리 다채롭지 않지만, 달 표면과 우주의 어두운 명조 차이가 자아내는 경관 그 자체만으로도 숨이 멎을 듯하다. 암스트롱이 달에 내린 뒤 내뱉은 감탄사처럼 달의 "삭막한 아름다움은 독특하기 그지없다".

달의 궤도에서도 아폴로 11호가 방문했던 흔적을 쉽게 찾을 수 있다. 착륙선 그 자체도 태양 빛을 받아 눈부시게 빛나고 있으며, 우주비행사들이 거닐었던 흔적도 눈에 들어온다. 작은 분화구에 남겨진 발자국은 독수리호에서 50m가량 이어져 있다. 몇 가지 장비들도 눈에 들어온다. 이 장비들은 우주비행사들이 떠난 후에도 달에 대한 기록을 얻기 위해 남겨진 것이다. 또한 독수리호가 돌아가면서 남긴 흔적들도 눈에 들어온다.

달의 장비들과 국기, 명판 등은 달 표면에 영구적으로 남아 있을 것이다. 명판에 새겨진 문구 "모든 인류의 평화를 위해 이곳에 왔다"는 아폴로 11호 미션 당시를 떠오르게 한다. 암스트롱과 올드린이 달에 남긴 발자국은 지구와 달리 대기의 영향을 거의 받지 않기 때문에 앞으로 수천 년 동안은 남아 있을 것이다. 아마 이 발자국은 훗날 이곳을 방문할 후손들에게 당시 위험을 무릅쓰고 몇 시간 동안 달을 방문했던 선구자들의 이야기가 전래 동화처럼 입에 오르내릴 것이다.

아폴로 11호 달 착륙선 주변의 모습. 남쪽으로 실험 장비들과 우주비행사들이 분화구까지 걸어간 흔적들이 보인다.

오른쪽 위　1969년 6월 20일, 아폴로 11호의 우주비행사는 독수리호 달 착륙선 일부를 달 표면에 남겨두고 떠났다. 그리고 40년 이후, 달 정찰 궤도 탐사선(LRO)이 보내온 사진은 독수리호가 평온의 바다의 분화구들 사이에 여전히 존재함을 보여주고 있다.

오른쪽 아래　제임스 어윈이 아폴로 15호 미션 중 국기에 대한 경례를 하는 모습.

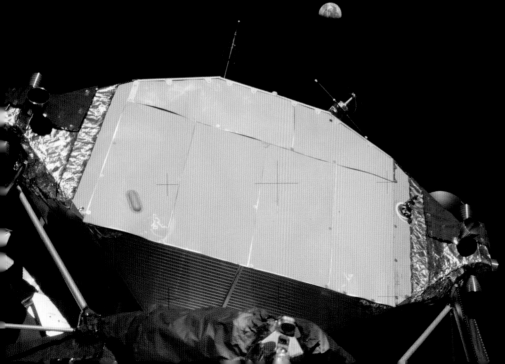

아폴로 11호 착륙 지점에서 달 착륙선을 앞에 두고 본 지구의 모습.

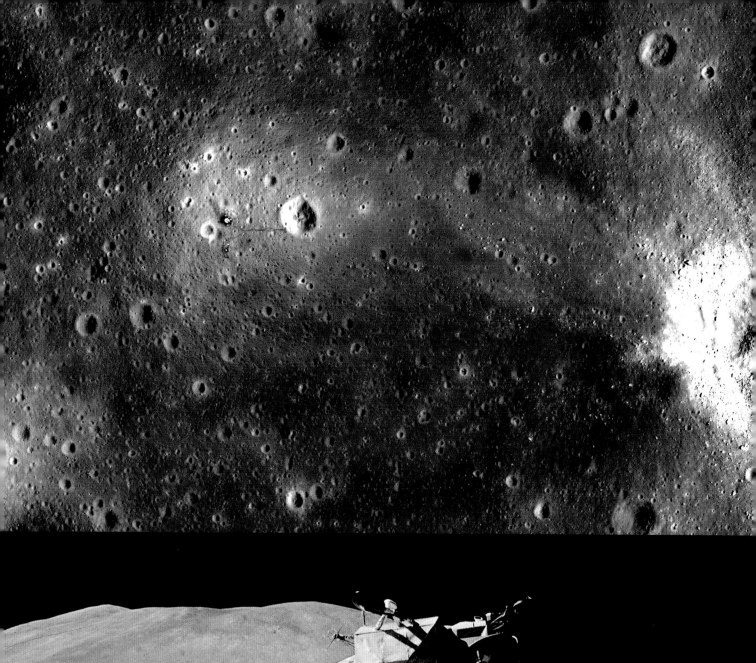
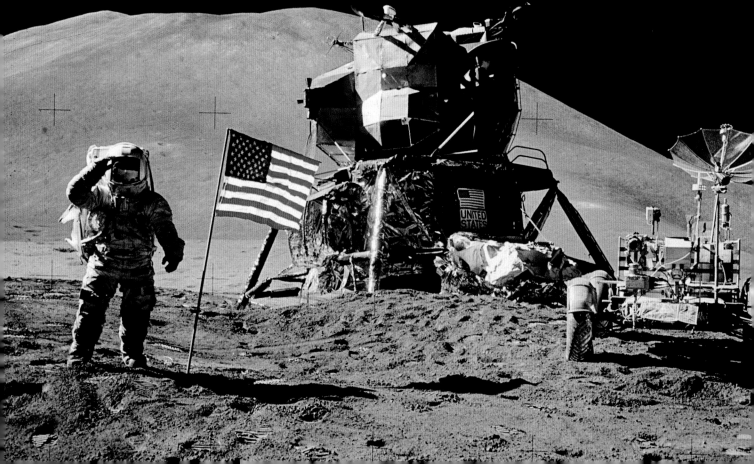

# 직선 벽

우리가 다음으로 살펴볼 달 표면 지역은 만약 인류의 달 여행이 현실화된다면 가장 인기를 끌 관광지 중 하나가 될 곳이다. 이곳에 도착하기 위해서는 지구를 보고 있는 달의 얼굴 중심부에 위치한 프톨레마이오스 분화구 무리를 찾아야 한다. 프톨레마이오스 분화구는 그리스의 위대한 천문학자 이름을 따서 지은 이름이다. 이 분화구 무리 중 큰 것은 지름이 약 148km이며, 벽의 높이는 약 2.4km 정도다. 분화구의 생김새는 밥그릇보다는 얇은 피자용 그릇에 가깝다.

달에서는 기리에 대한 개념을 착각하기 쉽다. 달은 지구보다 훨씬 작기 때문에, 지평선까지의 거리가 지구의 반밖에 안 되고 훨씬 굴곡져 보인다. 그래서 분화구 중심에 서 있을 때, 벽을 발견할 수 없어 살짝 실망할 수도 있다. 왜냐하면 분화구 벽 자체가 지평선보다 낮아서 아예 찾아볼 수 없기 때문이다. 그 때문에 달에서의 길 찾기는 조금 어렵다. 하지만 우리가 타고 있는 프톨레미 우주선에서는 쉽게 방향을 찾을 수 있다. 알폰수스, 아르차헬 그리고 더빗을 지나면 신기한 특징을 가진 직선 벽을 찾을 수 있다.

우선 직선 벽이라는 이름 자체에 오해가 있을 수 있다. 직선 벽을 처음 발견한 요한 슈뢰터<sup>Johann Schröter</sup>가 망원경으로 관찰한 결과에 따르면, 벽이 직선처럼 보이지만, 사실은 직선도, 벽도 아니다. 직선 벽은 길이가 112km가 넘는 표면 단층으로 수사슴뿔 산맥에서부터 뻗어나와 있다. 우리가 구름의 바다를 지나게 되면 단층이 보이면서 갑자기 지표면 높이가 300m 이상 차이 나는 것이 눈에 보일 것이다.

지구에서 보름달이 뜨기 전에 달을 관측할 경우 이 단층의 급경사면에 그늘이 지는 것을 볼 수 있다. 보름달이 뜬 후에 관측하면 태양 빛이 반대쪽에서 비쳐 경사면이 빛나면서 직선 벽이 밝게 빛나는 선처럼 보인다.

달 표면에서 직선 벽을 관측하면 그 길이에 감탄사가 절로 나온다. 그러나 마치 절벽 같은 경사면을 기대했다면 조금 실망할지도 모른다. 단층의 각도가 40도를 넘지 않기 때문이다. 그러나 여러분이 빛의 각도에 맞추어 그늘 아래 선다면 완전히 모습을 감출 수 있기 때문에 숨바꼭질하기에는 안성맞춤인 장소이다.

지구에서 그림자는 완전히 검은색을 띠지 않는다. 빛이 지구의 대기권을 통과할 때 흩어지기 때문에 그림자의 아주 어두운 부분일지라도 완전히 빛을 잃지는 않는 것이다. 그러나 달은 지구와 같은 대기가 존재하지 않기 때문에 빛이 흩어질 수도 없어 그림자에 가리면 아예 눈에 보이지 않게 된다.

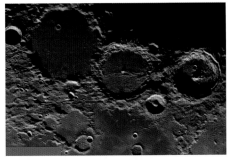

프톨레마이오스, 알폰수스, 아르차헬 분화구 무리.

아폴로 16호에서 찍은 프톨레마이오스 분화구.

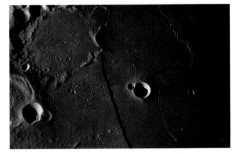

데미언 피치가 지구에서 찍은 직선 벽의 모습.

# 달에서의 물

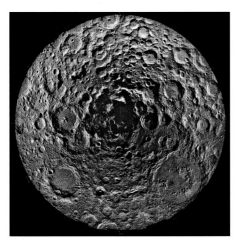
클레멘타인 위성에서 보낸 모자이크 영상은 사우스 폴 주변의 영향을 받았다.

달의 물을 찾기 위한 LCROSS 미션의 주요 대상이 었던 카베우스 분화구의 모습

　여러분은 이제 달 표면의 좀 더 남쪽으로 이동하게 될 것이다. 달은 지름이 지구의 1/4밖에 되지 않지만 지구에서 보기 힘든 멋진 광경을 보게 될 것이다. 아래쪽을 살펴보면 사우스 폴 에이킨 분지가 보일 것이다. 이 분지는 태양계 내에서도 가장 큰 분지 중 하나다. 지구에서 이 분지를 보면 달 가장자리에 있는 것처럼 보이기 때문에 실제보다 작게 보인다. 하지만 이 분지의 면적은 영국제도의 8배에 달할 정도로 크다. 분지의 지름은 약 2400km이고 깊이는 13km에 달한다. 그 때문에 달의 표면보다 몇 km 위에서 보아야만 분지 전체를 살펴볼 수 있다. 사우스 폴 에이킨 분지는 달이 생긴 지 얼마 지나지 않아 큰 충격을 받아 생긴 것으로 보인다. 물론 오늘날에는 이 같은 거대한 충돌은 매우 드문 현상이지만, 대충돌 시기에는 혜성과 소행성 등의 충돌이 잦았을 것이다.

　프톨레미호 높이에서는 분지의 흥미로운 점을 발견할 수 있는데, 그것은 바로 사우스 폴 에이킨 분지 안에는 수많은 작은 분화구들이 존재한다는 점이다. 이 중에는 2009년 달 분화구 검증 및 관측 위성(LCROSS) 미션의 주요 관측 대상이었던 카베우스 분화구도 존재한다. LCROSS 미션의 목표는 달에 물이 존재하는지 여부를 파악하는 것이었다. 이 미션은 여러분에게 다소 비현실적인 것처럼 들릴 수도 있을 것이다. 왜냐하면 공기가 없는 달 표면에 물이 존재할 수 없다는 것은 오래전부터 알려진 사실이기 때문이다. 실제로 '달의 바다'는 용암이 만들어낸 흔적일 뿐이며, 달의 '무지개 만'에서 수영을 기대하는 이들은 현실과 마주했을 때 크게 실망할 것이 분명하다. 그러나 과학자들은 카베우스 분화구 표면 아래 깊숙한 곳이라면 환경이 달라질 수 있을 것이라고 기대했다.

　LCROSS를 달로 운반했던 모선은 카베우스 분화구에 불시착했는데, 다행히 그때 생긴 충격으로 생성된 잔해 물질들을 분석할 수 있었다. LCROSS의 분석 결과에 따르면, 불시착 충격으로 생긴 물질 중에는 물의 존재를 추정케 하는 물질도 일부 포함되어 있었다. 이러한 분석 결과는 후속 연구의 필요성을 제기하기에 충분했다. 그렇다면 이 물은 어디서 온 것일까? 태양의 입자와 달 표면 특이 입자의 상호작용으로 생겼을 가능성이 있다는 가설이 있다. 달과 충돌한 혜성에서 물 입자들이 전달되었을 수도 있다는 가설도 있다. 분화구 벽이 햇빛의 영향을 막아줄 수 있는 카베우스 분화구는 태양계 내에서 가장 추운 지역 중 하나이므로 물이 계속해서 존재할 수 있을 것이라는 주장이다. 분화구 주변의 온도는 −248℃로 얼음 형태의 물을 지하에 영구적으로 가두기에 충분할 정도로 춥다. 언젠가는 카베우스 분화구 같은 지역을 파헤칠 날이 올 것을 기대해본다.

이제 여러분은 달 표면에서 상공 수 km 위로 이동하여 좀 더 넓게 달 표면을 살펴볼 것이다. 우선 폭풍우의 바다 안에 있는 코페르니쿠스 분화구를 방문할 것이다. 이 분화구의 이름은 1651년 달 지도를 처음 그렸던 천문학자 조반니 바티스타 리치올리가 붙였다. 리치올리가 이름을 붙인 데는 사연이 있다. 프톨레마이오스의 천동설이 정설이던 시대에 살았던 리치올리는 지구가 태양계의 중심에 존재한다고 믿었다. 그런데 코페르니쿠스는 행성들이 태양을 중심으로 돌고 있다고 주장했다. 물론 오늘날 우리는 코페르니쿠스의 주장이 사실임을 알고 있지만, 당시에 그의 주장은 이설로 받아들여졌다. 당시 리치올리는 폭풍의 바다 내에 위치한 이 분화구의 이름을 코페르니쿠스라고 붙여 마치 코페르니쿠스가 폭풍우의 바다 안에 던져 놓은 것처럼 조롱거리로 삼을 목적이었다. 하지만 이 분화구는 달 표면 전체를 통틀어 가장 인상적인 볼거리를 제공하는 장소가 되어 '달의 독재자'라는 별칭과 함께 티코 분화구와 더불어 달의 두 개 광구 중 하나로 자웅을 뽐내고 있다.

이제 프톨레미 우주선을 타고 분화구 안쪽으로 이동하여 분화구 표면 1.6km 정도 높이까지 내려가보면, 높이가 3.2km나 되는 기다란 벽을 감상할 수 있다. 코페르니쿠스 분화구는 다른 분화구에 비해 상대적으로 생긴 지 얼마 안 되어, 동쪽에 이웃한 스타디우스 분화구와 달리 용암이 분화구에 넘쳤던 일이 없었다. 코페르니쿠스 분화구에서 벗어나 서쪽 평지에서 스타디우스를 살펴보자. 그러나 스타디우스 분화구는 거의 흔적을 찾아보기 힘들다. 예전에는 깊었을지 몰라도, 용암의 영향으로 이제 벽의 흔적을 찾아보기 거의 힘들 정도다. 이런 '유령 분화구'는 달에서 흔히 볼 수 있으며 특히 스타디우스는 그중에서도 매우 좋은 예다.

코페르니쿠스의 광조는 모든 방향으로 퍼져 있으며 약 800km에 달한다. 광조의 형태로 미루어 코페르니쿠스는 달이 생성되는 과정 중 거의 마지막 단계에서 생겨났으며 아마도 8억 년을 넘지 않을 것이다. 코페르니쿠스의 광조는 케플러 분화구에서 오는 광조와 일부 겹친다. 우리는 프톨레미호에서 이 광경을 감상할 수 있지만, 광조에는 그림자가 드리우지 않는다. 이들은 분화구가 생겨날 때 형성된 표층 퇴적물에 가깝다고 보는 편이 낫다. 우리가 지구에서 관측할 때는 코페르니쿠스와 티코 분화구의 광조가 달 전체에 드리운다. 그러나 광조가 생겨난 이래 혼돈은 잔잔함으로 바뀌었다. 가까운 미래에는 또 어떤 변화가 있을지 모른다. 고요해진 달에 인류가 전초기지를 세우는 날이라도 온다면, 달은 또다시 시끌벅적해질지도 모른다. 우리의 후손들이 달을 깔끔하게 유지해주기를 바라자.

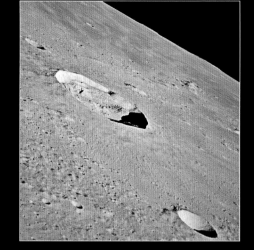

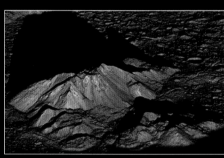

(위쪽) 아폴로 12호가 보내온 케플레 분화구의 모습. (아래쪽) 달 정찰 궤도 탐사선(LRO)에서 본 티코 분화구의 모습. 동틀 무렵에 긴 그림자를 드리우고 있다.

아폴로 착륙을 준비하는 과정에서 1966년부터 1967년까지 총 다섯 대의 달 궤도 우주선이 달 표면 정보 수집을 목적으로 발사되었다. 수집된 이미지 중 코페르니쿠스의 모자이크.

# 천재 아리스타르코스

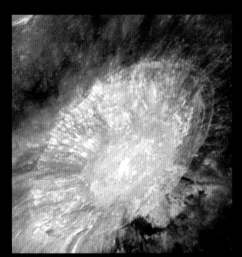

허블 망원경의 고성능 카메라로 찍은 아리스타르코스 분화구의 모습.

단연코 달 표면에서 가장 빛나는 아리스타르코스$^{Aristarchus}$ 분화구는 코페르니쿠스에서 그리 멀지 않은 곳에 있다. 이 분화구는 길이가 약 37km로 '폭풍우의 바다' 고원에 자리 잡고 있다. 아폴로 18호 미션에서 이 분화구를 최종 목적지로 계획했으나, 비용 문제 등 다양한 이유 때문에 1972년 17호 미션을 끝으로 폐지되는 바람에 실현되지 못했다.

위에서 바라보면 아리스타르코스 분화구는 약 3.2km 높이의 벽으로 둘러싸여 있다. 이 분화구 바닥은 마치 밭을 간 것처럼 고랑이 있어, 식물 재배와 관련한 의견도 있었다(달에 어떤 생명도 존재할 수 없음을 알게 된 것은 최근 수십 년에 불과하다).

이제 아리스타르코스 분화구 안에 착륙하여 주변을 둘러보자. 여러분은 이 시점에서 한 가지 걱정을 하고 있을지도 모르겠다. 달에는 공기가 없으므로 떨어지는 운석이 대기 중에 불타 사라지는 경우가 없다. 그렇다면 우주에서 날아오는 작은 운석들과 부딪치는 것이 아닐까? 사실 달에는 미소 운석들이라 불리는 작은 운석들이 계속 떨어진다. 그러나 우리가 탑승하고 있는 프톨레미 우주선은 안전하다. 미소 운석들은 오랜 기간 동안 달 표면을 어둡게 해왔지만, 사실 아리스타르코스가 매우 밝은 이유는 상대적으로 생긴 지 오래되지 않았기 때문이다. 앞서 언급한 코페르니쿠스와 비교했을 때도 상대적으로 오래되지 않았다. 아마도 약 5억 년 미만일 것이다. 아리스타르코스 남쪽에는 비슷한 크기지만 밝기는 훨씬 못 미치는 헤로도투스$^{Herodotus}$ 분화구가 존재한다. 이제 프톨레미호를 타고 이쪽으로 이동해보자. 헤로도투스는 매우 크고, 복잡한 계곡들로 채워져 있으며, 분화구 이름은 최초로 달 지도를 제작한 요한 슈레터의 업적을 기려 붙여졌다. 아마 달 어느 곳에서도 이러한 분화구를 찾아보기는 힘들 것이다. 프톨레미호를 타고 바닥으로 내려가보자. 분화구 안에 있다는 느낌보다는 어딘가에 갇혀 있는 듯한 느낌을 받을 것이다. 물론 실제로 갇혀 있지는 않지만 말이다.

달 정찰 궤도 탐사선(LRO)에서 본 아리스타르코스 분화구의 서쪽 벽 모습(분화구와 탐사선의 거리는 25.9km 정도에 불과했다).

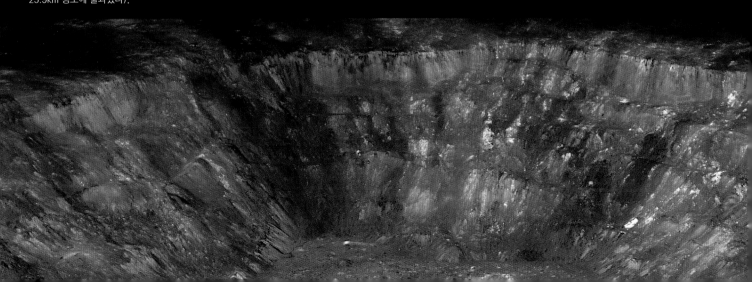

# 달의 무지개 만

우리는 달의 자연경관 중 가장 아름답다고 여겨지는 '무지개 만'을 반드시 가보아야 한다. 이곳은 햇빛을 받을 때는 찾기가 매우 쉽다. 비의 바다에서 뻗어나온 곳으로, 다른 장소로 오인할 여지가 없다. '무지개 만'은 이름에서도 알 수 있듯이 만처럼 움푹 들어가 있으며, 지름은 약 240km 정도에 바다 방향의 벽은 거의 흔적을 찾아보기 힘들다. 남아 있는 벽은 헤라클리데스 곶과 리플레스 곶으로 나뉜다. 부서진 벽들의 흔적은 불규칙한 능선과 작은 분화구들을 통해 추정해볼 수 있다.

지구에서 보았던 무지개 만을 잠시 떠올려보자. 무지개 만은 쥐라 산맥을 경계로 산맥 너머에는 불규칙한 얼음의 바다 서편이 보일 것이다. 이 지역을 살피기에 가장 적당한 시간은 태양이 이곳에 떠오르기 시작할 때다. 월중 이 시기에는 '무지개 만'의 바닥이 그림자에 드리워 있지만, 쥐라 산맥 꼭대기에는 이미 빛이 드리워져 있으며, 마치 달과는 별개인 것처럼 눈부시게 빛난다. 이를 '보석의 손잡이Jewelled Handle' 효과라고 부른다. 이 찰나의 순간은 한 달에 한 번뿐이지만 엄청난 장관을 연출한다.

이제 프톨레미호를 타고 무지개 만 오른쪽으로 이동해보자. 지름 96km의 플라토 분화구를 지나면, '스트레이트 리지Straight Ridge'라고 불리는 또 하나의 놀라운 자연경관이 눈에 들어온다. 이 능선의 길이는 88.5km 정도이며, 높지는 않으나, 마치 인공 조형물인 듯 잘 정돈되어 있다.

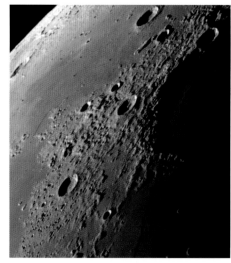

무지개 만은 오른쪽 분화구이고, 일출 시 쥐라 산맥의 그림자가 드리워진 모습.

쥐라 산맥을 낀 무지개 만이 왼쪽에 위치하며, 오른쪽에는 플라토 분화구가 위치해 있다.

# 달의 어두운 면

달 정찰 궤도 탐사선(LRO)이 보낸 달의 뒷면 1만 5000여 개의 사진을 재구성한 모습.

동쪽의 바다 바깥 고리의 지름은 950km에 달한다. LRO에서 찍은 모자이크 모습.

여러분이 지구에만 머무르는 한, 달의 뒷면을 보는 일은 없을 것이다. 그것은 지구와 달 사이에 중력 작용이 줄다리기처럼 수십억 년 동안 지속되어온 결과다. 지구는 달보다 81배 무겁지만, 달도 지구에 적지 않은 영향을 미친다. 바다의 썰물과 밀물의 주요 원인은 달의 중력 때문이라는 것은 이미 널리 알려져 있다. 지구 역시 달의 조류에 영향을 미칠 수 있다. 오늘날의 달은 고체이지만, 아주 오래전에는 달에도 유체가 존재했으며, 이 유체들은 조석 변형의 대상이었다. 초기 달의 자전 속도는 몇 시간에 불과할 정도로 짧았으나, 지구의 조석력에 영향을 받아 속도가 점점 줄어들어 오늘날에는 자전 속도가 27일을 조금 넘을 정도에 불과하다. 이는 달의 공전 속도와 자전 속도가 거의 일치하며, 이로 인해 달의 같은 면이 항상 지구를 향하게 된다는 것을 의미한다. 물론 약간의 흔들림이 존재하지만, 달의 약 41%는 지구에서 관측이 불가능하다.

우주 시대가 오기 전에는 달의 숨겨진 면에 대해 알지 못했다. 그러나 러시아와 미국은 달의 뒷면으로 로켓을 보내 그곳에 무엇이 존재하는지를 살펴보고자 했다. 우리는 프톨레미호를 타고 달의 뒷면을 빠르게 훑어볼 것이다. 우리가 지구에서 보고 있는 달의 경계를 지나면, 앞면과는 미묘하게 다른 달의 뒷면이 드러난다. 달의 뒷면에서 중요한 바다는 '동쪽의 바다'가 유일하다. 1946년에 발견된 동쪽의 바다는 거대한 고리 모양으로, 극히 일부분만 지구에서 관측할 수 있다. 이 위를 지나면 분화구와 봉우리 등이 눈에 들어온다. 표면에서 보면 일반적인 분화구와 산등성이가 눈에 들어오고, 높은 산맥은 보이지 않는다.

달에 좀 더 머물고 싶지만, 우리가 갈 길은 아직 멀다. 우리는 프톨레미호를 타고 다른 우주선들이 가보지 못했던 곳을 향해 나아갈 것이다. 이제 달에게 작별을 고하자. 그리고 프톨레미호를 타고 빛나는 별인 태양으로 가볼 것이다.

사실 태양은 여기서도 굉장히 잘 보이지만 좀 더 자세히 보기 위해 지구와 태양 사이로 이동해보자. 우리가 이동할 곳은 지구에서 약 1,600,000km 떨어진 곳이다. 아, 그리고 우리는 이곳에 혼자 있는 것이 아니다. 우리 주변에는 태양을 향하고 있는 인공위성들이 있다. 이 지점은 L1, 즉 첫 번째 라그랑지안 지점으로 매우 특별한 곳으로 지구와 태양에서 작용하는 중력이 정확하게 상쇄되는 지점이다. 그래서 태양 관측을 위해 우주선이 머물기엔 안성맞춤이다. 왜냐하면 별다른 연료 소모 없이 지구와 태양 사이에 머물 수 있기 때문이다.

# 드디어 태양에 오다

 지구에서 본 태양은 매우 밝은 노란색 구체를 띠며, 몇 개의 흑점도 보인다 (흑점에 대해서는 조금 뒤에 자세히 알아볼 것이다).  그러나 우리 눈에 보이는 태양의 표면, 즉 태양의 광구는 고체가 아니라 기체로 되어 있으며, 이 기체들은 광구의 수백만 km 밖까지 영향을 미친다. 우리가 이런 태양의 '대기'를 볼 수 없는 이유 는 태양의 광구가 너무 밝아 다른 것들은 눈에 들어오지 않기 때문이다. 그러나 일식 때는 예외로 태양의 바깥 부분들을 볼 수 있다.

 그런데 우주에서는 굳이 일식을 기다릴 필요가 없다. 간단한 방법은 코로나그 래프라는 장치를 이용하여 우리의 시야에서 광구를 가려보는 것이다. 이 장치를 이용하면 태양의 대기를 관찰하는 것이 가능하다.

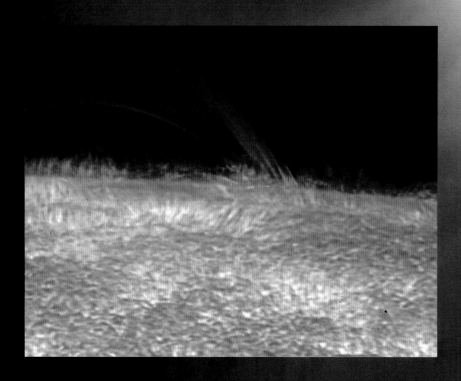

'히노데'(일본어로 일출을 의미). 태양 광학 망원경이 태양의 채층에서 광구의 대류환 상단에서부터 일어 나는 현상을 사진으로 담았다.

태양 대기의 가장 낮은 층은 얇고 붉은빛의 구체를 띠는데, 이를 '채층 chromosphere'(그리스어로 색깔을 의미한다)이라고 부른다(그리스어로 색깔을 의미한다고 한다). 채층 역시 태양의 다른 부분들과 마찬가지로 가장 가벼운 원소인 수소로 이루어져 있으며 깊이가 3200km 정도밖에 되지 않지만, 홍염이 분출되는 곳이다. 홍염은 태양 가장자리에서 가스가 분출하는 현상으로, 태양의 자기장에 영향을 받아 분출되었다가 다시 표면으로 돌아간다. 우리가 있는 곳은 너무 멀어서 홍염이 작게 보이지만, 실제로는 지구를 집어삼킬 정도로 크다.

그뿐만이 아니다. 태양 대기의 가장 바깥층인 코로나 부분은 진줏빛 혹은 무지갯빛의 띠처럼 생겼으며 우리가 위치한 지점까지도 감싸고 있다.

지구에서 본 일출. 피트 로런스가 영국 셀세이에서 찍은 사진.

# 다른 빛에서 본 태양

우리는 특별한 빛을 사용하여 태양에 대해 좀 더 자세히 알아볼 수 있다. 예를 들어 채층의 붉은빛만 통과시키는 필터를 사용하여 관측하는 방법이 있다. 이 색은 뜨거운 수소가 방출하는 방사선의 주요 특징이다. 그 때문에 이런 기술을 이용하여 수소가 태양 표면에 만들어내는 패턴을 살펴볼 수 있다. 이 방법을 사용하면 일반적인 하얀빛에서는 너무 작아서 찾기 힘든 흑점들을 쉽게 찾을 수 있다. 이렇게 찾은 입상 구조 형태의 흑점들은 태양 전체를 덮고 있다.

또 필터를 조절하여 다른 색깔을 관찰하면, 다른 원소들이 방출하는 빛에 대해서도 알아볼 수 있다. 예를 들어 칼슘이 내뿜는 빛을 선택하면, 채층에 지구보다 넓은 지역에 퍼져 있는 흑점을 확인할 수 있다.

때로는 지구보다 더 커지는 흑점도 있어 지구에서도 찾아볼 수 있다. 그러나 태양을 똑바로 쳐다보는 일은 주의를 요한다. 흑점을 관찰하기 위해서는 안전한 필터를 사용하거나, 영상으로 촬영한 것을 별도 화면에 띄워서 보는 편이 안전하다. 망원경을 통해 태양을 똑바로 관측하는 일은 절대 하지 않기를 바란다! 이미 예전에 이러한 불상사들이 많이 발생했다.

태양을 맨눈으로 관측하면 또 하나의 문제가 있다. 그것은 바로 가시광선만 볼 수 있다는 점이다. 인간의 눈은 특정 주파수와 색상에 반응하도록 되어 있다. 하지만 가시광선은 태양이 방출하는 전체 빛의 일부에 불과하다.

우리가 말하는 가시광선이란 전자기파의 전 범위(전체 전자기파) 중에서도 극히 일부분이다. 물론 전자기파 범위 중 대부분은 우리 눈에 보이지 않는다. 빛은 공

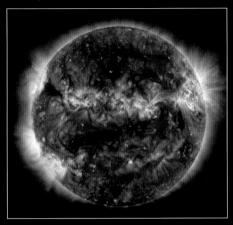

세 개의 파장으로 본 태양의 모습. 초록색은 150만 도, 붉은색은 200만 도를 의미한다.

서로 다른 파장에서 태양을 관측했을 때 태양의 모습(왼쪽부터 오른쪽). 첫 번째는 6000도에서 광구의 모습. 두 번째는 채층과 코로나의 약 100만 도에 가까운 온도 차를 보여준다(자외선을 통해 보면 활동하는 부분이 더 밝게 보인다). 세 번째는 세 개의 파장을 합쳐 200만 도까지 관측한 사진. 네 번째는 과학적 추론에 의한 자기장 영역을 겹쳐놓은 사진.

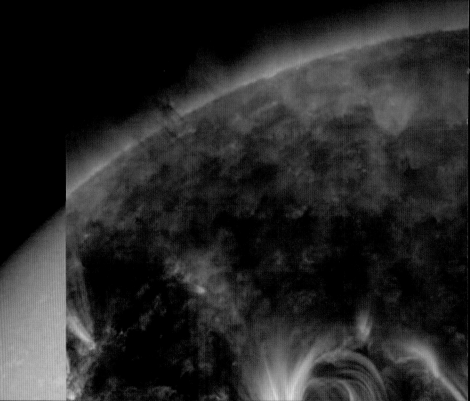

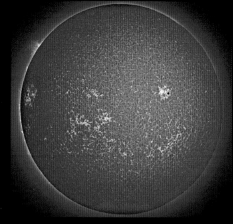

태양은 완벽한 구체가 아니다. 태양이 활발하게 활동할 경우, 편평도*가 향상되는데, 양 극지역이 짓눌리게 된다. 이 사진은 보라색 칼슘-칼륨 필터를 이용해 촬영한 것으로, 태양 주위에 밝게 빛나는 자기장을 볼 수 있게 해준다. 이 자기장 영역은 태양의 편평도를 결정한다.

* 타원체에서 타원의 정도를 나타냄.

간을 이동하는 파장으로 설명될 수 있으며, 이 중 붉은색은 파란색에 비해 주파수가 낮고 파장이 길다. 우리 눈으로 볼 수 없는 방사선 영역 중 적외선, 마이크로파, 라디오파 등의 파장은 이보다 더 길다. 반대로 자외선, X선(엑스선), 감마선 등은 이보다 파장이 훨씬 짧다.

태양이 내뿜는 빛 가운데 지구 표면에 도달하는 빛은 대부분 가시광선이고, 인간의 눈이 가시광선에 가장 민감한 이유이기도 하다. 그러나 가시광선의 영역 밖 태양의 파장들은 태양의 다른 부분들에 대해 설명해준다. 예를 들어 태양의 방사선 방출은 태양의 활동에 따라 늘어나거나 줄어든다. 태양이 활동적일 경우, 흑점들이 더 많이 나타나고 라디오파의 방출량도 늘어난다. 적외선으로 태양을 보면 채층과 코로나의 특징들을 자세히 살펴볼 수 있으며, 특히 태양이 비활동적일 때는 태양의 북극과 남극이 밝게 빛나는데, 이는 코로나 홀이라 불리는 존재 때문이다. 코로나 홀의 대기 온도는 태양의 다른 곳에 비해 낮다.

태양을 관찰할 때는 가시광선보다 낮은 파장을 이용하는 것이 더 유용하다. 다른 말로 바꾸면 주파수가 더 높은 파장을 활용하는 것이다. 이는 자외선(UV)과 X선을 이용하는 것으로, 태양 표면과 대기 중 가장 뜨거운 곳을 살펴볼 수 있게 해준다. UV는 태양풍의 방출 및 코로나 관측 등에 매우 용이하다. 하지만 지구의 대기가 UV의 환한 빛으로부터 우리를 보호해주기 때문에 지구의 대기에서는 이를 관측하는 것이 불가능에 가깝다. 그러나 우주에 나와서 보면 태양풍이 홍염 및 흑점들과 연결되어 있다는 것을 알 수 있다.

X선의 짧은 파장으로 보면, 태양의 구체보다 코로나가 눈에 더 잘 들어온다. 물론 태양에서 가장 뜨거운 부위들도 밝게 빛나지만, 코로나는 거의 눈을 멀게 할 정도로 빛난다. 코로나의 기체들은 밀집되어 있지는 않을지 몰라도, 온도는 매우 높다. L1(p29 참조)의 위치에서 우리는 코로나의 영향권 안에 있다.

이제 태양에 좀 더 가까이 가서 내부를 살펴보도록 하자.

# 태양 내의 폭풍

　　우리를 태운 우주선이 태양 가까이 다가갈수록 선체 외부의 온도 역시 상승한다. 태양의 코로나는 수백만 도에 달할 정도로 온도가 높다. 하지만 혹시라도 프톨레미호가 불에 타지 않을까 걱정할 필요는 없다. 온도와 열은 서로 다른 개념이기 때문이다. 온도는 원자와 분자의 움직임에 비례하여 상승한다. 사실 원자는 코로나 안에서 매우 빠르게 움직이므로 온도 역시 매우 높다. 그러나 우주선 주변까지 도달하는 원자 수가 많지 않아서 매우 적은 양의 에너지만 선체 외부에 전달된다. 비교하자면 불꽃놀이용 폭죽들과 비슷하다. 불꽃놀이에서 생기는 불꽃들의 온도는 매우 높지만 질량이 매우 낮기 때문에 설령 손에 조금 튀더라도 크게 위험하지 않다. 반면 도화선 끝에 남아 있는 불꽃은 조심해야 한다! 이 도화선의 불꽃은 불꽃놀이의 불꽃보다는 온도가 낮지만 질량이 훨씬 크기 때문에 잠깐이라도 건드릴 경우 화상을 입을 수 있다.

　　코로나가 매우 뜨거운 이유는 여전히 밝혀 내지 못했다(사실 코로나는 그 밑에 있는 태양의 표면보다 훨씬 뜨거운데, 이는 일반적인 상식에 반하는 일이다). 물론 우리는 세부적인 내용까지는 아직 알 수 없지만, 아마도 이에 대한 해답은 복잡하게 작용하는 태양의 자기장에서 찾을 수 있을 것이다. 이 자기장은 코로나뿐만 아니라 태양 표면에도 영향을 미칠 것이다. 예를 들어 흑점에 영향을 미치는 것 역시 태양의 자기장이다. 이제 프톨레미호를 움직여 흑점 위로 이동해보자. 흑점은 기체가 들끓는 태양의 표면 중에서도 상대적으로 온도가 낮은 지역이다. 현재 우리가 위치한 흑점 위에서 보면, 이 점은 거무스레하게 보인다. 그러나 사실은 흑점보다 밝은 주변 광구들과 대비하여 보기 때문에 어두운 것처럼 보일 뿐이며, 만약 흑점만을 떼어놓고 본다면 여러분의 집에 있는 형광등보다 더 눈부시게 빛날 것이다. 흑점은 하나의 조각 같은 것이 아니다. 흑점 중심의 검은 부분을 본영umbra, 주변에 상대적으로 덜 어두운 부분을 반영penumbra이라고 부른다. 또한 백반facultae(라틴어로 '횃불')이라고 불리는 백광색 반점이 흑점 위에 존재한다. 흑점은 일반적으로 하나만 동떨어진 것이 아니라 무리를 짓고 있으며 복잡한 패턴을 이룬다.

　　그렇다면 흑점이란 무엇일까? 태양은 자기장을 가지고 있으며, 자기장의 선들은 밝게 빛나는 광구 아래에 흐른다. 일부 지역에서는 자기장이 얽히기도 하는데, 이렇게 되면 표면에 대류 현상이 원활하게 일어나지 못한다. 바로 이 지점에 흑점이 형성된다. 만약 태양이 지구처럼 고체로 이루어졌다면, 자기장의 선들 또한 태양과 함께 돌게 될 것이고, 흑점 또한 생기지 않았을 것이다. 그러나 우리가 이미 알고 있듯 태양은 고체가 아니라 뜨거운 기체로 되어 있다. 태양의 물질은

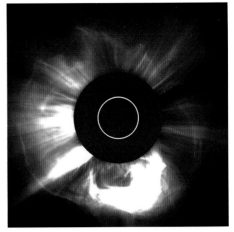

SOHO*가 찍은 코로나 분출 사진으로, 관찰된 분출 현상 중 가장 강력했다. 이 분출은 2003년 10월 28일에 일어났다.

* 소호 태양 관측 위성(SOHO, Solar and Hemispheric Observatory).

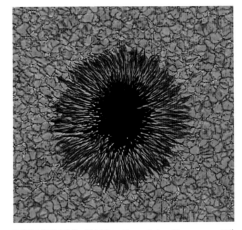

큰곰 태양 관측 위성(Big Bear Solar Observatory)에서 가시광선으로 찍은 흑점 사진.

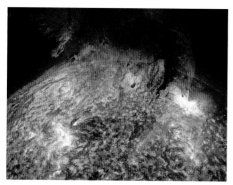

태양 활동 관측 위성(SDO)이 촬영한 대량의 코로나 분출 사진.

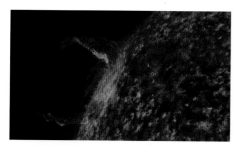

SDO가 촬영한 기체 고리의 모습.

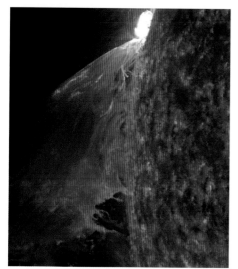

2012년 1월, SDO는 최근 몇 년간 가장 강력했던 태양풍의 모습을 사진으로 담아냈다.

극지방보다 적도 부근에서 빠르게 회전하는데, 이로 인해 자기장이 훼손된다. 그리고 태양이 훼손된 자기장을 복구하려는 과정에서 대부분의 태양의 '날씨'가 생겨난다.

우리는 운 좋게 흑점을 관찰할 수 있었다. 왜냐하면 태양에 흑점이 아예 없는 경우도 존재하기 때문이다. 태양은 일반적으로 11년의 활동 주기를 갖는다. 태양은 11년에 한 번 최대로 활동하며 이때는 흑점이 무수히 많이 보인다. 반대로 태양의 활동이 없는 경우, 수일 동안 흑점이 보이지 않을 수도 있다. 흑점이 생기고 사라지는 현상은 매우 복잡해서 이러한 주기가 정기적이라고 말하기는 어렵다. 특히 최근 들어 태양의 주기는 이보다 더 늘어났다. 하지만 태양이 조용한 주기에 있을지라도, 태양의 표면은 지속적으로 활동한다.

여러분이 탑승한 프톨레미호 창문에는 특수한 필터 처리를 했기 때문에 다칠 위험 없이 흑점을 관찰할 수 있다. 현 지점에서 흑점은 매우 깨끗하게 보이며, 며칠 동안 관찰하면 태양의 자전에 따라 매우 천천히 이동하는 모습을 볼 수 있을 것이다. 태양의 자전 속도는 약 한 달 정도이다. 이 말은 흑점이 태양 반대편으로 이동하는 데 약 2주 정도 소모된다는 의미다. 그리고 2주 뒤에는 다시 반대쪽 끝에서부터 흑점이 보이기 시작한다. 기억해야 할 점은 태양이 기체로 되어 있으며, 흑점이 영구적으로 존재하지 않는다는 것이다. 큰 흑점 덩어리들은 아마도 몇 주간 지속될지 몰라도, 작은 흑점은 생긴 지 한 시간 이내에 사라질 수도 있다.

우리가 탑승한 프톨레미호 이전에는 그 어떤 우주선도 이 정도로 태양 가까이 가보지 못했다. 종전 기록은 헬리오스 2가 가지고 있는데, 태양에 약 4300만 km까지 접근했다. 이 독일-미국 우주선은 (이후에도 척박한 환경 속에서 살아남아) 현재 태양 주위를 돌고 있지만, 불행하게도 1980년대 중반 이후로는 그 어떤 통신도 이루어지지 않고 있다. 유럽우주기구(ESA)는 현재 '솔라 오비터Solar Orbiter'라고 이름 붙인 후속 미션을 야심 차게 준비 중이며, 성공한다면 굉장한 영상들을 얻는 데 활용될 것이다. 그러나 프톨레미호는 이보다 더 나은 일을 할 수 있다. 고도의 기술이 집약된 프톨레미호는 태양 자체에 접근하는 것이 가능하다.

태양의 중력은 태양계를 지배하고 있다. 그리고 지구와 다른 행성들을 궤도 안에 붙들어두는 역할을 한다. 그런 이유로 태양에 접근하는 일은 단순히 태양의 중력에 이끌리기만 하면 되는 것처럼 생각되기 쉽다. 마치 지구에서 행글라이더를 타고 유유히 하늘에서 내려오는 것처럼 말이다. 그러나 실제로 태양에 접근하는 것은 매우 힘든 일이다. 이는 각운동량의 보존법칙 때문이다. 행성들 그리고 프톨레미호도 마찬가지로 지구를 떠나온 이후 우주에서 정적인 환경에 놓이는 것이 아니라 태양 주변을 돌게 된다. 그 때문에 궤도 안으로 진입하려면 각속도를 일부 줄여야 하며 이를 위해서는 에너지가 필요하다. 향후 솔라 오비터는 금성 주위를 일곱 바퀴 돌면서 각속도를 줄일 예정이다. 그러나 프톨레미호의 엔진은 이런 걱정 없이 바로 접근이 가능하다.

# 태양의 심장

　이제 태양의 광구로 이동해보자. 우리는 도화지에 노란색으로 색칠하던 단순한 태양의 모습을 넘어 보다 흥미로운 태양을 살펴볼 수 있을 것이다.

　태양의 중심을 향해 움직이는 동안 고체 물질이 걸리적거리는 일은 없다. 좀 더 태양 깊숙이 내려갈수록 프톨레미호 외부에 기체 밀도, 온도와 밝기 모두 크게 상승할 것이다. 지구에서 고성능 망원경으로 보면 마치 태양의 작은 흑점처럼 우리가 탑승한 우주선이 보일지도 모른다. 그러나 채층 깊숙이 들어가면 지구인의 눈에서는 우리가 확실하게 사라질 것이다.

　태양의 내부는 조용한 동네가 아니다. 태양에너지의 근원은 보다 깊숙한 곳에 자리 잡고 있으며 방출되는 에너지와 중력의 압력 사이에 미묘하고 불완전한 균형이 태양의 붕괴를 막아주고 있다. 만약 내부로 내려가는 행동을 잠시 멈추면, 곧바로 거대한 흐름에 휩쓸릴 것이다. 태양의 현 지점에서는 대류 현상을 통해 에너지가 전달된다. 보다 깊숙한 곳에 위치한 물질들은 태양의 중심에서 가열되어 상승하게 된다. 마치 지구에서 풍선이 하늘로 떠오르는 것과 같다고 할 수 있다. 이렇게 가열된 물질들은 상승하여 에너지를 내놓고 다시 아래로 가라앉는다. 이 같은 대류 현상은 지구에서 바람이 일어나는 원리에도 적용된다. 지구에서는 뜨거운 공기가 적도 부근에서 상승했다가, 대기 위층에서 온도가 떨어져 다시 표면으로 가라앉게 된다.

　현재 우리 프톨레미호가 타고 있는 기류는 표면에서 16만 km 이상 아래로 데려다줄 것이다. 태양의 대류층 가장 밑에는 우리가 표면에서 보았던 활동들의 근원인 태양의 자기장이 존재한다. 현재 바깥의 기온은 약 200만 ℃에 달한다. 그러나 이 정도 온도라 할지라도 태양을 돌리기에는 부족하다. 따라서 우리 우주선의 출력을 사용하여 보다 아래로 내려가보겠다.

　태양은 태양계 질량의 99%를 차지하며, 지름은 약 139만 2000km에 달한다. 태양 안에 지구를 담는다고 가정하면 100만 개 이상 담을 수 있을 정도로 비대하다. 태양은 고체 핵을 가지고 있지 않으며, 전체가 기체로 되어 있다. 태양의 온도는 내부로 갈수록 상승하고, 핵의 온도는 약 1500만 ℃에 가깝다. 바로 이곳이 태양에너지가 생산되는 곳이다. 그러나 태양의 핵은 일반 사람들이 기대하는 것과는 다른 모습일 수도 있다. 왜냐하면 태양의 핵은 석탄을 태우는 것과는 다르게 작용하기 때문이다.

　만약 태양이 석탄으로 되어 있다면, 빛과 열은 실제 태양처럼 낼 수 있을지 몰라도, 약 100만 년 정도 지난다면 재로 뒤덮일 것이다. 하지만 우리가 알고 있듯이 지구의 나이만 해도 46억 년이나 되며, 태양은 최소한 그보다 오래되었다.

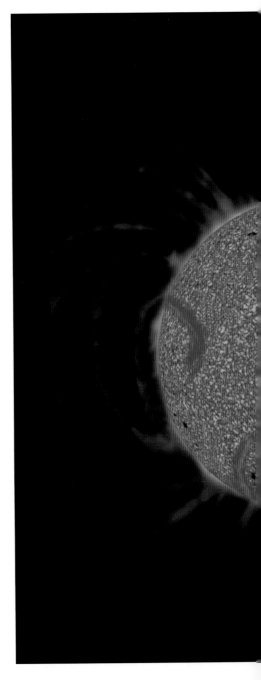

태양의 자기장과 내부 지역을 표현한 그림.

다양한 관측 결과를 모은 태양의 사진. 내부는 SOHO에서 관측한 사진. EIT(Extreme ultraviolet Imaging Telescope)로 촬영한 푸른색과 하늘색은 표면 내 플라스마의 모습을 보여준다. 배경에 보이는 사진은 LASCO(Large Angle Spectroscopic Coronagraph)에서 촬영된 것으로, 가시광선에서 코로나를 촬영하기 위해 태양의 중심을 가렸다.

뒷면 청록색은 태양의 흑점을 관찰하기에 매우 좋다. 오른쪽 위는 2012년 3월 13일에 관측한 태양 플레어의 모습.

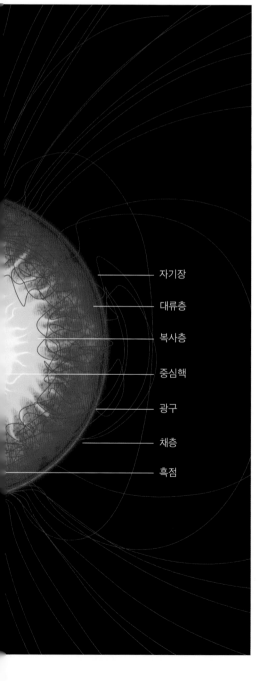

자기장
대류층
복사층
중심핵
광구
채층
흑점

그 때문에 우리는 다른 에너지원을 고려해보아야 한다. 이에 대한 해답이 밝혀진 지는 100년이 채 되지 않았다. 우주에서 가장 흔한 원소는 바로 수소다. 수소 원자는 다른 모든 원소들의 원자를 모은 양보다 많다. 태양은 엄청난 양의 수소로 이루어져 있으며, 중심부의 온도와 압력이 매우 높기 때문에 놀라운 일이 발생할 수 있다. 이 압력과 온도의 영향을 받은 수소 원자의 핵은 합쳐져 두 번째로 가벼운 원소인 헬륨으로 바뀐다. 하나의 헬륨 핵을 만들어내려면 네 개의 수소 핵이 필요하고, 이 과정에서 약간의 질량 손실과 엄청난 양의 에너지가 방출된다. 태양이 빛나는 것은 이렇게 방출되는 에너지 때문이며, 여기서 발생하는 질량 손실량은 초당 400만 톤에 달한다. 그야말로 엄청난 수치가 아닐 수 없다. 물론 수소 연료가 끝없이 공급될 수 있는 것은 아니다. 그러나 앞으로 최소 10억 년 정도는 태양에 특별한 변화가 일지 않을 것이다.

지구는 이곳에서 만들어진 태양에너지에 의존하고 있다. 그러나 태양의 핵으로부터 에너지가 방출되는 과정은 쉽지 않다. 핵융합을 일으키도록 누르고 있는 밀도는 빛이 방출되는 과정에서 방해 역할을 한다. 일반적인 광자는 태양 내부에서 수만 년간을 머물면서 전자들과 부딪치다가 우주로 방출된다.

이제 우리는 중성미자들과 함께 태양 바깥으로 바로 빠져나갈 것이다. 중성미자들은 태양의 핵융합 과정에서 생기는 중립 입자들로, 핵과 직접 접촉하는 경우에만 반응하며 그 외에는 별다른 영향을 받지 않고 통과한다. 예를 들면 여러분의 손톱에는 600억 개의 중성미자들이 매초 통과하고 있다. 그만큼 중성미자는 상호작용할 확률이 낮아 별다른 문제 없이 태양을 벗어날 수 있다. 물론 우리가 타고 있는 프톨레미호도 이와 마찬가지로 태양을 벗어날 것이다.

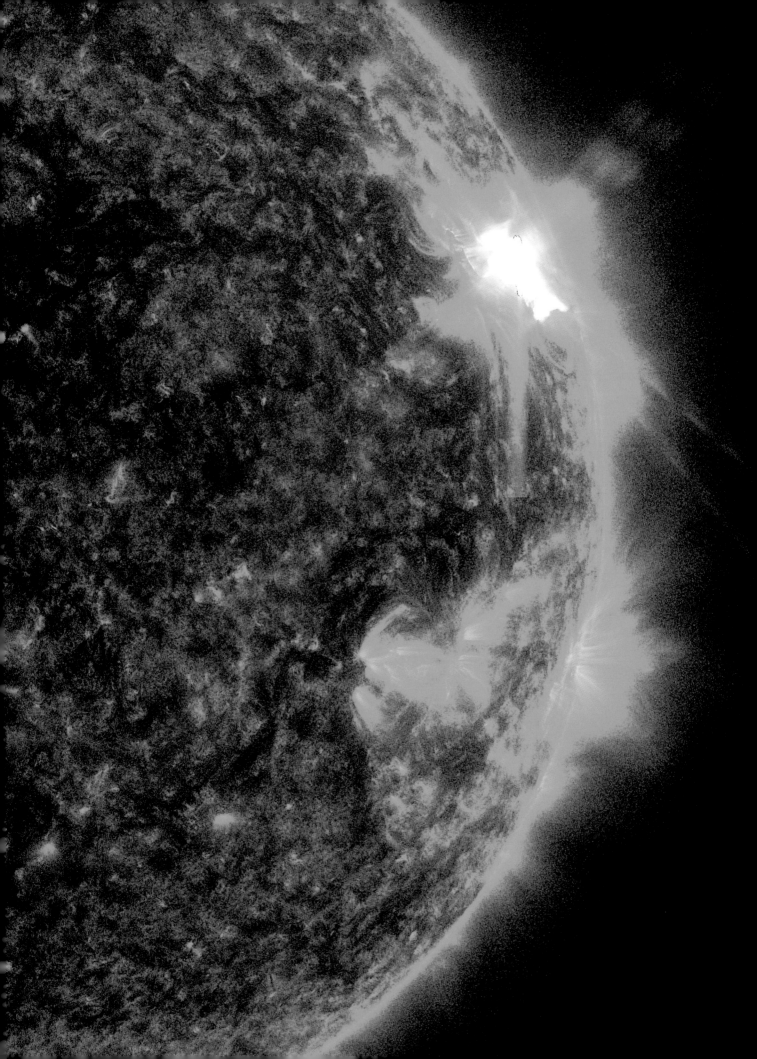

# 혜성과의 조우

프톨레미호가 태양의 중심으로부터 벗어나면서 선체 외부 온도도 서서히 떨어지기 시작했다. 이제 프톨레미호가 광구를 벗어나면 다시 탁 트인 우주가 눈에 들어오면서 곧 태양의 대기 내부를 벗어나 태양계의 첫 번째 행성으로 향할 것이다. 그 전에 지금 밖을 보라! 무언가 이상하고 아름다운 물체가 눈에 들어오지 않는가? 이 물체는 빛나는 구름에 둘러싸여 있고, 두 개의 꼬리를 가지고 있으며, 태양을 향해 움직이고 있다. 우리는 이미 이 물체가 혜성이며, 제한적인 수명을 가지고 있음을 알고 있다. 혜성의 꼬리는 혜성이 언젠가 사라지게 될 것임을 보여주는 일종의 신호다.

혜성은 행성들과는 다르다. 얼음 핵을 가지고 있으며, 사실 이것이 혜성의 유일한 실재적인 부분이라고 할 수 있다. 매우 특이한 궤도로 태양 주위를 돌고 있는 혜성 중에 우리가 보고 있는 것들은 태양계에 떠도는 얼음 결정체로서의 생을 대부분 보냈다. 일단 태양에 가까이 오는 혜성들은 위험에 놓이게 된다.

혜성의 핵은 잡동사니로 된 눈덩이와 얼음덩어리의 중간 상태로, 태양 빛을 받아 녹게 되면 이 얼음과 돌의 결정들이 떨어져 나간다. 이렇게 열을 받아 떨어져 나가는 물질이 고체에서 기체로 바로 승화하면서 혜성의 꼬리가 생긴다.

혜성 옆에서 자세히 관찰해보면, 표면의 공기구멍을 통해 물질들이 떨어져 나가며 '코마coma'라고 불리는 기체 구름을 형성하는 것을 볼 수 있다. 이 기체와 먼지로 된 구름은 밝게 빛나며 멀리서도 눈에 들어온다. 이 물질들은 흔히 '태양풍'이라 불리는 태양이 방출하는 대전된 입자들의 지속적인 흐름에 의해 쓸려나간다. 그 때문에 혜성의 꼬리는 항상 태양의 반대쪽을 향하게 된다. 사실 혜성의 '꼬리'라기보다는 '꼬리들'에 가깝다. 왜냐하면 혜성의 꼬리는 방출되는 기체와 먼지들이 태양 빛의 압력과 태양풍에 의한 충돌로 생기는 영향의 정도에 따라 다르게 나타나기 때문에 대부분 하얀색 곡선의 먼지 꼬리와 직선, 파란색의 가스 꼬리로 나뉜다.

태양 최근접 혜성인 (A 크로이츠A Kreutz) 혜성(발견자의 이름을 따서 지어졌다)은 매우 긴 꼬리를 가졌으며 태양을 향해 이동하고 있다.

태양 최근접 혜성인 러브조이 혜성의 모습. 예상과는 달리 태양 주위를 지나면서도 살아남았다. 사진은 2011년 12월에 촬영되었다.

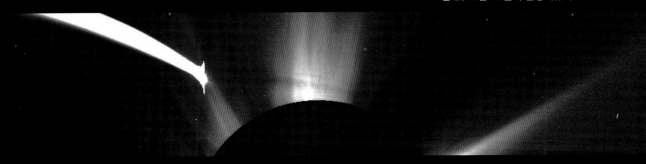

혜성은 이동하면서 매우 많은 양의 물질을 잃기 때문에 일반적으로는 태양계 내에서 오래 버티지 못한다. 그러나 혜성의 궤도 자체가 뜨거운 지역을 짧게 지나는 타원형이기 때문에 많은 혜성들이 다시 돌아올 수 있는 것이다. 물론 이 또한 다른 요인으로 궤도를 벗어나지 않는 혜성에 한한다. 대부분의 혜성들은 안정적인 궤도를 지니기 때문에 오랜 기간 살아남을 수 있으나, 태양계에 처음 진입하는 혜성이나 태양계 행성에 너무 근접하게 지나는 혜성의 경우 문제가 발생한다. 특히 중력이 강한 목성을 지날 때 이런 문제들이 생긴다. 태양 최근접 혜성들은 태양에 너무 가까이 다가가기 때문에 증발해서 사라지기도 한다. 우리가 지금 보고 있는 혜성도 태양 최근접 혜성 중 하나다. 이 혜성 또한 태양의 광구로 끌려들어가 사라지는 운명을 맞을 것이다. 우리는 지금 이 혜성의 생의 마지막 단계를 보고 있는 셈이다.

천문학자들은 일본어로 자폭 부대를 칭하는 '가미카제'식의 혜성들이 별로 없을 것이라고 생각했었다. 그러나 SOHO처럼 지속적으로 태양을 관측하는 위성이 생긴 이후 인식이 바뀌었다. SOHO에 잡힌 대부분의 혜성들이 태양으로 끌려들어가고 있었지만, 지구에서 보기에는 너무 멀어 시야에 제대로 잡히지 않던 것이었다. 하지만 달에 엄청난 흔적을 남겼던 대충돌 시기에 비하면 태양계에 진입하는 혜성들의 빈도가 매우 낮아지긴 했다.

이 지역에서 또 무엇을 찾아볼 수 있을까? 아마 별로 없을 것이다. 태양에 가장 가까운 수성은 5800만 km나 떨어져 있다. 물론 다른 가능성도 있다. 태양의 열기가 매우 뜨거운 지역이지만 지구에서는 보이지 않는 작은 천체들이 존재할 수도 있다. 한때는 이 지역에 벌컨이라 불리던 행성이 존재할 것이라고 생각했었다. 프랑스의 철학자 위르뱅 르베리에는 수성의 불규칙한 움직임을 바탕으로 이 행성의 위치까지 계산했었다. 물론 훗날 수성의 불규칙한 움직임은 벌컨이라는 행성 때문이 아니라 상대성 때문인 것으로 밝혀졌다. 이후 벌컨을 찾기 위한 노력들이 있었으나 성공하지 못했다. 이 행성을 찾기 위해 두 가지 방법을 시도했다. 하나는 만약 벌컨이 실재한다면 태양의 일식 때 관측이 가능해야 했다. 또 하나는 벌컨이 지구와 태양 사이를 지날 때 태양에 검은 점이 드리워야 했다. 그러나 이미 확인된 행성인 수성과 금성은 이 같은 방법을 통해 주기적으로 관측이 가능했던 반면에, 벌컨은 관측 자체가 불가능해 오늘날에는 벌컨이 존재하지 않는다는 것으로 의견이 모아지고 있다.

벌컨은 태양계의 유령 행성이 되어버렸다. 태양을 향해 위성들을 보내는 도중 작은 천체들을 찾아보기를 기대했으나, 몇 개의 소행성들만 수성 주위를 맴돌고 있을 뿐 벌컨을 찾아볼 수는 없었다. 이곳에는 더 이상 그 무엇도 기대하기 힘들 것 같으므로, 이제 프톨레미호를 돌려 수성으로 이동해보자.

러브조이 혜성을 지구의 수평선 부근에서 야간 촬영한 사진. NASA 우주비행사 댄 버뱅크가 국제우주정거장(ISS)에서 2011년 촬영했다.

# 신의 사자

　자, 이제 먼 곳에서부터 수성을 관찰해보자. 우리가 달을 방문했던 이후로 오 랜만에 착륙할 지면을 찾을 수 있어 다행이다. 그러나 착륙하기에 앞서 먼 곳에 서 수성을 관찰해보자. 지구의 천문학자들은 우주 시대가 도래하기 이전에는 수 성의 존재를 제대로 알지 못했다. 그만큼 관측이 어려웠기 때문이다. 수성은 항 상 태양 가까이 있기 때문에, 맨눈으로 관찰하는 것은 일몰 직후나 일출 직전에 만 가능하다. 따라서 대부분의 사람들은 수성을 본 적이 없을 수밖에 없다. 수성 은 하룻밤 사이에 빠르게 하늘을 지나가기 때문에, 고대 그리스인들은 총총걸음 으로 다니는 신의 사자 '머큐리Mercury'라는 이름을 붙였다.

　프톨레미호 창밖으로 바라보면 수성은 달과 정말 많이 비슷해 보인다. 수성에 도 달처럼 산맥과 분화구, 협곡 등이 있으며 운석들에게 두들겨 맞은 듯한 표면 또한 달과 매우 흡사하다. 수성의 지름은 4800km 정도로 행성임에도 불구하고 지구의 위성인 달에 비해 그다지 크지 않다. 태양으로부터 수성까지의 평균 거리 는 약 5800만 km이며, 지구까지의 거리는 약 1억 5000만 km이다. 그러나 수 성의 공전궤도는 지구와 달리 타원형이며, 가까운 곳의 거리는 약 3400만 km 정도이고 먼 곳은 6900만 km이다. 수성은 태양과 매우 가깝지만 대기는 존재 하지 않아 낮에는 매우 뜨겁고 밤에는 온도가 매우 낮다. 낮 중에 가장 더울 때는 온도가 매우 높아 만약 여러분이 주전자를 바위 위에 올려놓는다면 그대로 녹아 내릴 정도다. 수성에서의 '1년', 즉 수성이 태양 주위를 한 바퀴 도는 데 걸리는 시간은 지구의 기준으로 약 88일 정도 걸린다.

　반면에 수성이 자전하는 데 걸리는 시간은 58.5일이나 된다. 만약 수성을 기준

2008년 수성 탐사를 목적으로 수행된 메신저 (MESSENGER) 미션에서 수성 근접 90분 이후에 보 내온 사진. 이 미션으로 관측되지 못했던 수성의 나 머지 30%를 관측할 수 있었다.

그림 중앙에서 약간 오른쪽 밑에 위치한 작은 분화 구의 광구가 표면 전체에 드리우고 있다. 광구는 소 운석 등이 표면에 충돌할 때 생기는 분화구에서 쉽 게 생긴다. 광구의 밝기로 보아 이 분화구는 생긴 지 얼마 안 됐을 것이다.

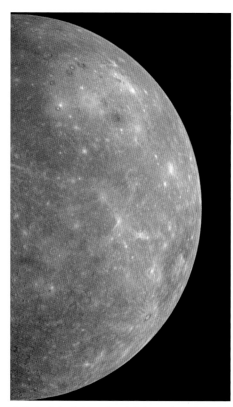

수성의 색깔 차이는 미묘하지만, 표면 물질에 대한 중요한 정보를 담고 있다. 이 사진은 2008년 메신저호가 촬영한 것으로 푸른색 점들이 여러 군데 보인다.

으로 달력을 만든다면 매우 이상할 것이다. 왜냐하면 하루가 지나는 사이에 이미 태양의 위치가 크게 달라졌을 것이기 때문이다. 이렇듯 수성에서의 낮과 밤은 매우 길다. 만약 여러분이 수성에 살고 있다고 가정한다면, 다음번 일출을 보려면 지구에서의 176일을 기다려야 한다. 혹은 수성을 기준으로는 거의 2년 이상이라고 볼 수 있겠다. 그 때문에 수성에서 오래 머물 것이 아니라면, 방문객들은 햇빛이 드는 지역에 머물 것을 추천한다.

수성을 방문할 때는 계절을 걱정할 필요가 없다. 계절 자체가 없기 때문이다. 지구에서 북반구의 여름은 6월쯤 시작하여 몇 달간 지속된다. 지구의 자전축이 기울어져 있기 때문에 이 시기엔 북극이 태양에 가까워져 온도가 따뜻해지는 반면, 12월에는 남극이 태양에 가까워져 남반구가 여름이 된다. 그러나 수성은 궤도를 기준으로 자전축이 기울어져 있지 않아 계절의 변화가 나타나지 않는다.

수성의 중력은 매우 낮아 대기를 잡아두기에는 충분치 않을 것으로 보였지만 메신저 우주선이 관측한 결과에 따르면 대기 중에 나트륨, 칼륨, 칼슘 등 여러 가지 물질들이 존재하는 것이 확인되었다. 이들은 태양풍으로 날아온 입자 혹은 행성 간진 등으로 보인다. 수성의 압력은 거의 없다고 보면 된다. 그 때문에 만약 이 물질들을 한 움큼 병에 담으려면, 일반적으로 지구에서 생각했을 때보다 채워지는 양이 훨씬 적을 것이다. 우리가 수성으로 오는 도중에 태양풍으로 혜성의 물질들이 쓸려나가는 것을 보았던 것과 마찬가지로, 수성의 대기 또한 쓸려나간다. 그리고 혜성처럼 수성도 꼬리를 가지고 있다.

수성에는 지구보다는 약하지만 자기장도 존재한다. 또한 수성의 핵은 느린 자전 속도로 미루어볼 때 액체로 되어 있을 것으로 생각된다. 수성처럼 작은 행성은 이미 핵이 식어 고체화되는 경우가 태반이기 때문에 실로 놀라운 일이다. 수성이 약 40억 년 이상 동안 어떻게 액체 상태의 핵을 유지했는지를 밝혀내는 일은 과학자들에게 숙제로 남아 있다.

이제 수성에 거의 도착했다. 우선 착륙에 앞서 수성을 돌아보며 아직 풀리지 않은 질문들에 대한 답을 찾아보자.

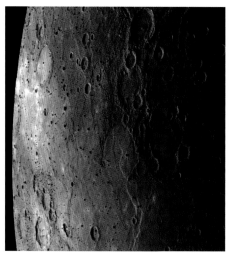

메신저호가 촬영한 수성의 일부.

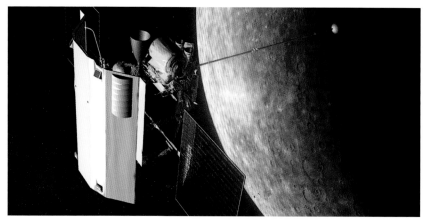

수성 주위를 돌고 있는 메신저호를 묘사한 그림.

# 열의 분지

　수성을 돌아보기에 가장 좋은 시작점은 수성의 용암 분지 중 하나인 칼로리스<sup>Caloris</sup> 분지일 것이다. 길이가 1500km에 달하는 이 분지는 흥미로운 역사를 가지고 있으며, 30여 년 동안 분지의 반만 발견되었었다. 지난 1974년과 1975년에 마리너 10호가 칼로리스 분지 위를 지나간 적이 있지만 황혼 또는 새벽이어서 분지의 반이 어둠에 가려 보이지 않았었다. 이후 메신저호에 의해 분지의 나머지 반이 발견되었는데, 흥미롭게도 분지 중심에 약 40km 길이의 분화구가 있었고, 특이한 패턴의 골이 파여 있었다. 분화구 주변 전체가 마치 큰 거미줄처럼 보여 한동안 '거미줄 분화구'라고 불리다가 국제천문학연맹(IAU)에서 그리스의 건축학자 이름을 기려 '아폴로도로스 분화구'라는 정식 이름을 붙여주었다. 또 분화구 주변의 골에는 '파르테논 포세<sup>Parthenon Fossae</sup>'라는 이름을 붙여주었다.

　물론 아폴로도로스 분화구 외에 칼로리스 분지 역시 매우 의미가 있다. 약 40억 년 전에 생긴 이 분화구는 크기 등으로 미루어볼 때 거대한 충돌로 생성되었을 것이며, 충돌 이후에는 광범위한 화산 활동의 영향을 받았을 것으로 보인다. 그 충격은 매우 넓은 지역까지 전해졌을 것이다. 칼로리스 분지는 산악 지형과 협곡 그리고 작은 분화구들에 둘러싸여 있다. 우리가 칼로리스 분지에 정오, 즉 해가 머리 위에 있을 때 착륙한다면, 곧바로 뜨거운 열기를 느낄 수 있을 것이다. 이 분지의 온도가 430℃나 되기 때문이다. 우리는 수성에서 가장 뜨거운 지역을 탐험하기로 선택한 것이다. 참고로 칼로리스는 그리스어로 '열'을 의미한다.

　수성의 궤도는 특이한 타원형으로, 다른 행성들처럼 근일점(태양에 가장 가까운 지점)에서 가장 빠르게 이동하고 원일점에서는 가장 느리게 이동한다. 수성의 자전 속도는 변하지 않으나 태양이 머리 위에 존재하는 두 개의 극지점이 존재한다. 이 중 하나가 바로 칼로리스 분지다. 만약 이곳에 지구 기준으로 176일을 머무른다면(수성의 공전주기의 두 배이자, 자전 주기의 세 배에 달하는 기간), 아마 아래 현상을 경험할 수 있을 것이다. 태양은 수성이 태양에서 가장 먼 지점, 즉 원일점에서 떠오르고, 머리 위 지점으로 이동하면서 점점 커진다. 이후 지구 기준으로 약 8일 동안 태양이 뒤로 가는 것처럼 보일 것이다. 근일점에서는 공전 각속도가 자전 각속도를 넘어서기 때문이다. 그 뒤 태양은 다시 앞으로 이동하며 지평선에 도달할 때까지 점점 크기가 작아질 것이다. 일출부터 일몰까지 약 88일이 걸리는 셈이다.

　만약 칼로리스 분지에서 위도 90도 지점으로 이동해 관찰한다면, 근일점에서 해가 뜨지만 머리 위 지점에서 뒤로 가는 현상은 볼 수 없을 것이다. 그러나 해가 진 뒤에 마치 작별 인사를 하기 위해 돌아온 듯 잠시 다시 뜨는 경우가 생길 것이다. 이후 88일 동안은 태양을 볼 수 없다. 만약 수성에 사람이 살았다면 어떠했을까?

200km 위에서 수성 표면을 찍은 사진. 메신저호는 칼로리스 분지의 거미줄 같은 형상을 발견했다.

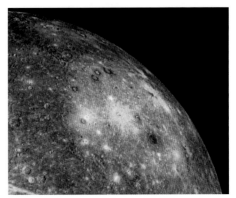

메신저호가 촬영한 칼로리스 분지 사진. 분지 주변의 오렌지색 얼룩은 화도(volcanic vent)처럼 보이며, 이는 수성의 매끈한 표면이 용암 때문임을 뒷받침해주는 새로운 근거 자료다. 또한 수성의 자기장이 커다란 핵의 활동 때문에 생성되는 것도 밝혀졌다.

# 수성 착륙

1974년 마리너가 촬영한 수성의 남극 사진. 수성의 남극은 오른쪽 끝에 테두리가 밝게 빛나는 거대한 분화구(자오멍푸 분화구) 옆에 위치한다.

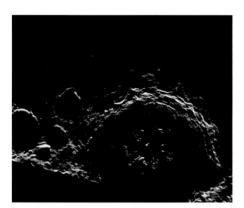

자오멍푸가 태양 빛에 빛나는 모습. 메신저호는 자오멍푸의 분화구 바닥이 빛을 전혀 받지 못하는 것을 밝혀냈다. 자오멍푸의 일부 산맥은 얕은 태양 빛을 받아 빛나고 있으며, 주변에는 긴 그림자가 드리워 있다.

이제 칼로리스 분지의 뜨거운 열기에서 벗어나 새로운 지역으로 이동해보자. 현재 우리 밑에는 자오멍푸 분화구가 있다. 자오멍푸 분화구라는 명칭은 13세기 중국의 유명한 화가이자 서예가였던 자오멍푸(조맹부 趙孟頫)의 이름에서 왔다. 물론 분화구의 경관은 중국과는 무관하다. 이 분화구는 지름이 160km에 달할 정도로 크며, 수성의 다른 대형 분화구들처럼 분화구 주위를 커다란 산맥이 감싸고 있다. 여기서 보아도 분화구의 높은 벽이 태양 빛을 받아 빛나고, 이와 반대로 분화구 안은 매우 어두운 것을 볼 수 있다. 이 지역에서는 태양이 높이 떠오르는 일이 없기 때문에 분화구 안이 더 어둡게 보인다. 사실 분화구 안의 약 40%는 태양 빛을 전혀 받지 못하는데, 이는 마치 달에서 보았던 카베우스 분화구와 흡사하다. 그러나 자오멍푸 분화구는 특별한 비밀을 가지고 있다. 바로 레이더 핫스폿이다!

수성 표면 탐사를 위해 가시광선 대신 레이더 빔을 사용할 경우, 자오멍푸 분화구는 매우 환하게 빛난다. 그러나 이러한 사실은 굳이 수성에 오지 않더라도 쉽게 확인할 수 있다. 지구에서 거대한 전파망원경(예를 들면 지름이 305m에 달하는 푸에르토리코에 있는 전파망원경)을 사용하여 수성으로 신호를 보내면, 수성의 북극과 남극이 밝게 빛나는 것을 볼 수 있다. 그런데 이 분화구는 극지방보다 더 밝게 빛난다. 과연 이 분화구의 표면은 어떻게 되어 있는 것일까?

가장 신빙성 있는 주장은 자오멍푸 분화구 아래에는 달에서 보았던 카베우스 분화구와 마찬가지로 물이 존재한다는 것이다. 물론 수성과 같이 태양에 매우 근접한 뜨거운 행성에서 얼음을 기대하는 것은 가능성이 낮아 보이지만, 자오멍푸 분화구 바닥의 온도는 −171℃ 이상 올라가지 않을 정도로 매우 낮다. 이는 분화구 아래의 얼음 호수를 유지하기에 충분하다. 그러나 이 미스터리는 여전히 풀리지 않았다. 자오멍푸 표면에서 반사된 빛의 밝기가 순수한 얼음이라고 하기엔 조금 낮았기 때문이다. 그 때문에 아마도 얼음은 수성 표면에서 흔히 발견되는 규산염암 등과 섞여 있는 것이 아닐까 추측된다. 그런데 이 얼음은 대체 어디서 왔을까? 자오멍푸 분화구의 밝기로 미루어볼 때 이 얼음은 최소한 칼로리스 분지보다 최근에 생겨났을 것이다. 아마도 이 얼음들은 수성의 전토층(굳은 암석 위의 푸슬푸슬한 토양 모재)과 태양 빛의 화학 반응에 의해 국지적으로 생겨나 어쩌다보니 분화구 내에 갇히게 되었는지도 모른다. 혹은 혜성 등이 태양으로 향하던 도중 수성과 충돌하여 남긴 잔해들의 결과일 수도 있다.

이런 질문들에 대한 답은 앞으로 메신저호와 곧 수성으로 보낼 베피콜롬보 우주선이 해결해줄 것으로 기대한다. 아마도 과학자들은 미지의 세계의 역사를 해독하는 일로 더욱더 바빠질 것이다. 이제 다음 행성으로 떠나보자.

# 둘러싸인 행성

현재 우리는 금성에서 수백만 km 떨어진 곳에 있지만, 여기서만 보아도 금성은 수성과 매우 다른 행성임을 알 수 있다. 금성은 수성보다 큰 행성이다. 사실 금성의 크기는 지구와 거의 비슷하며 대기도 가지고 있다. 따라서 대기가 전혀 없는 불모의 땅인 달이나 수성과는 전혀 다른 곳으로, 만약 금성의 대기가 좀 더 투명했더라면 멀리서도 금성의 땅과 바다와 사막 등을 볼 수 있었을지 모른다.

그러나 실제 금성은 밝고, 별다른 특색이 없는 구체처럼 보인다. 우리는 현재 금성 대기의 두꺼운 구름 상단을 보고 있다. 금성을 처음 관찰했던 사람들은 금성 표면 대신 두꺼운 구름만 보이자 크게 당황했다. 또 금성 표면이 전혀 보이지 않아 무수한 추측만 만연했다. 과학적 근거에 기초한 추측도 있었지만 그렇지 않은 경우도 많았다. 특히 설명을 요하는 것은 '애센 광$^{ashen\ light}$' 현상이었다. '애센 광'은 금성을 관측할 때 가끔 암흑면이 드러나는 특이한 현상이다. 비슷한 현상은 초승달에서도 나타나는데, 이를 두고 "옛 달이 새 달의 팔에 안겨 있다$^{the\ Old\ Moon\ in\ the\ Young\ Moon's\ arms}$"는 표현을 쓴다. 그러나 달에 나타나는 현상은 지구반사광 때문에 생기는 것으로, 금성과는 분명 다르다. 이 현상에 대한 설명 중 가장 인기 있었던 것은(물론 옳지 않다) 1830년 독일인 천문학자 프란츠 본 파울라 그루이투이젠$^{Franz\ von\ Paula\ Gruithuisen}$의 주장이었다. 그루이투이젠은 이 빛이 금성의 새로운 통치자가 선출되었음을 축하하는 환영식의 일환이라고 주장했다.

이제 금성 표면으로 내려가기에 앞서 대기를 한번 살펴보자. 금성의 대기는 대

1979년 PVO(Pioneer Venus Orbiter)가 자외선으로 촬영한 금성 대기의 모습.

부분 이산화탄소로 되어 있고, 4% 정도 이하는 질소로 되어 있다. 그 뒤를 이어 매우 작은 양의 이산화황, 황산 등이 포함되어 있다. 이로 미루어볼 때 금성은 생명이 살기에는 매우 척박한 환경임을 알 수 있다.

일반적인 가시광선으로는 금성의 대기 구름에 가려 제대로 관측하기가 어렵기 때문에 프톨레미호의 화면을 적외선 모드로 바꾸어 살펴보겠다. 적외선을 사용하면 금성의 열 방출을 보다 자세히 살펴볼 수 있다. 적외선으로 본 금성의 대기는 산화질소 때문에 잔잔하게 빛난다. 이를 최초로 발견한 것은 유럽우주기구(ESA)의 비너스 익스프레스호였다. 적외선으로 보면 450℃ 이상에 달하는 금성 표면 또한 매우 밝게 빛난다. 오늘날에는 앞서 언급했던 '애센 광'의 원인이 바로 금성의 밝게 빛나는 표면 때문인 것으로 확신하고 있다.

또한 금성 표면을 적외선으로 보면 일부 빛나는 핫스폿들이 보이는데, 그 덕분에 금성의 지표면을 보다 자세히 알 수 있게 되었다.

이제 우리는 금성의 표면에 대해 직접 관찰해볼 것이다. 금성 표면을 보면 금성의 미스터리가 확연히 드러난다. 금성의 자전 속도는 지구 시간을 기준으로 243일이나 될 정도로 매우 느리다. 공전 속도는 225일이므로, 실제 금성에서의 한 해는 하루보다 더 길다고 볼 수 있다. 일출 간의 시간 간격은 118일이나 된다. 또한 금성은 태양계의 대부분 행성과 달리 반대 방향으로 회전한다(금성 외에 천왕성 또한 역방향으로 회전한다). 어떻게 이런 일이 일어날 수 있을까? 초기에 행성이 생성될 때 여러 가지 충돌 등으로 방향이 바뀌었다는 이론이 있다. 또한 무거운 대기의 움직임 역시 금성의 역행에 일조했을 수도 있다. 이는 신빙성 있는 이론이지만 실제로 무슨 일이 일어났는지는 아직까지 알 수 없다.

지금까지 우리는 적외선을 이용하여 금성의 대기 안에 무엇이 있는지 살펴보았다. 이제부터는 금성의 구름 안으로 들어가 좀 더 자세히 살펴보자.

1990년 초, 금성의 구름 아래를 관측하기 위해 마젤란호가 레이더를 이용해 고화질의 금성 표면을 구축한 사진. 사진 가운데 부근을 가로지르는 빛나는 지역은 '아프로디테 테라'라고 불리는 금성의 산악 지역.

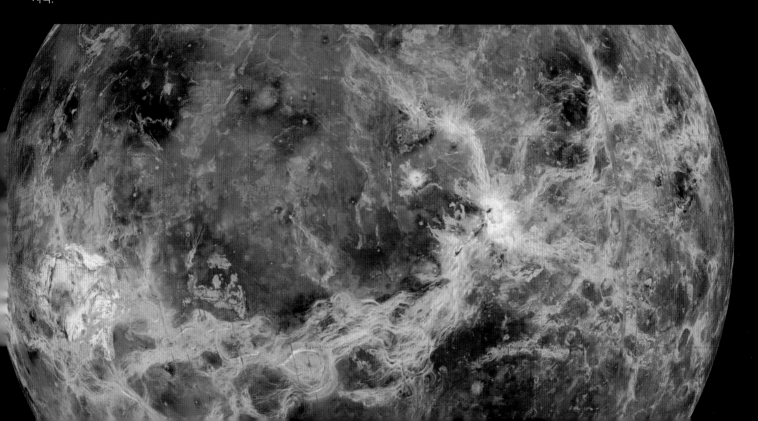

# 금성의 구름 밑으로

금성 대기로 진입하면 노란색의 이산화황 구름이 가장 먼저 시야에 들어온다. 이산화황은 금성에 황산 비가 내리는 원인을 제공하므로, 금성을 척박하게 만드는 주요인이라고 할 수 있다. 그러나 무엇보다도 이산화황은 처음부터 대기에 남아 있어선 안 되는 존재다. 지구의 경우, 대기의 황산 물질은 지면의 암석들과의 상호작용을 통해 빠르게 제거되기 때문이다. 그렇다면 금성에서는 왜 지구와 같은 현상이 일어나지 않는 것일까? 이는 금성의 표면 물질이 지구와는 많이 다르기 때문일 것이다. 아마도 금성의 표면 물질은 흡수가 매우 느릴 것이다. 혹은 금성 어딘가에 거대한 이산화황의 근원이 존재하기 때문일 수도 있다. 아마 금성의 거대하고 활발한 화산들이 이산화황을 쏟아내고 있을 가능성이 높다.

우리가 구름을 뚫고 금성 표면으로 내려가면 활발한 화산활동의 증거를 추가로 확인할 수 있다. 금성의 표면을 살펴보면 거대한 용암 분지와 칼데라(화산 폭발로 인해 화산 꼭대기가 거대하게 파인 부분)가 있는 화산처럼 보이는 산들이 눈에 들어온다. 아마 이곳에서 한때 화산활동이 일어났던 것으로 보인다. 분화구의 수도 확연히 적다. 금성 표면 전체에 확인된 분화구 수는 약 900여 개에 불과하며 최근까지 주변에 화산활동이 있었던 것 같다. 금성은 산성 대기로 인한 부식 현상까지 포함한다 할지라도 수성이나 달과는 달리 표면에 흉터가 매우 적다. 그 때문에 금성에 여전히 활화산이 존재하는지 여부에 대한 의구심을 품고 있다.

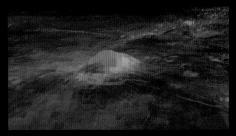

금성의 임드르 지역의 이든 몬스 화산 모습. 본 지형학 이미지의 원본(사진의 갈색 부분)은 NASA의 마젤란호의 데이터이며, 그 위에 색을 입힌 부분은 ESA의 비너스 익스프레스호의 데이터를 바탕으로 만들어졌다.

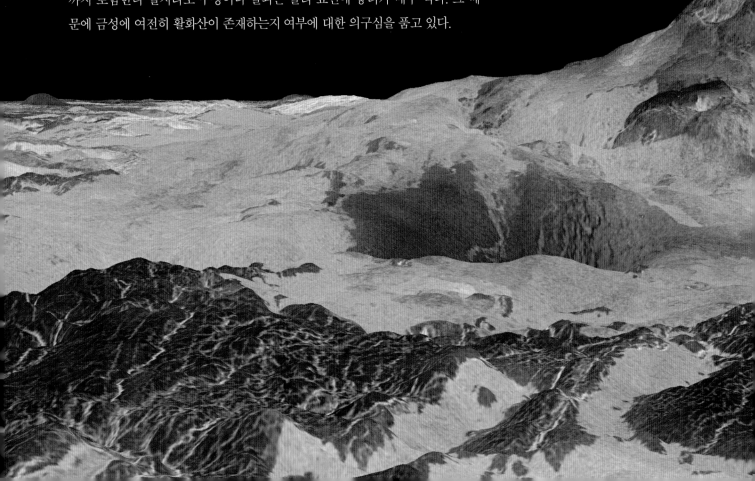

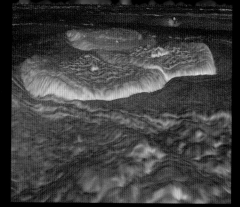

마젤란호가 촬영한 금성의 알파 동부 지역을 3차원 영상으로 재구성한 사진. 사진에 선명하게 보이는 세 개의 언덕은 두꺼운 용암 분출로 인한 결과일지도 모른다.

그러나 이 활화산들은 어디에 있는 것일까? 여기서는 앞서 적외선으로 보았던 핫스폿들을 참조해야 할 듯싶다. 이제 우리는 금성에서 가장 밝은 지역 중 하나인 남반구의 이든 몬스<sup>Idunn Mons</sup> 화산으로 향할 것이다. 노르웨이의 (전설에 나오는) 젊음과 사과의 여신 이름을 딴 이든 몬스는 평원에 우뚝 솟은 화산으로, 정상의 분화구에서 흘러나온 듯한 밝은 물질들로 둘러싸여 있다.

이든 몬스 화산은 하와이의 빅아일랜드섬 화산과 매우 흡사하다. 빅아일랜드섬은 거대한 화산과 주변의 용암이 굳어 생겨난 섬이다. 지구에서는 텍토닉 플레이트, 즉 지구 판들의 움직임 때문에 용승湧昇이 연속적으로 발생하면서 하와이 섬들이 생겨났다. 그러나 금성은 지구와 같은 판이 존재하지 않기 때문에 매우 거대한 화산이 생성될 수 있다. 이든 몬스 화산은 주변 암석 표면과는 매우 다르게 구성되어 있는데, 이는 화산 위를 지나면서 생기는 중력을 측정해보아도 쉽게 확인할 수 있다. 적외선으로 볼 때 계속해서 빛나는 현상은 이 물질들이 상대적으로 생성된 지 얼마 되지 않았음을 의미한다. 이는 아직 금성의 대기로 인해 심한 풍화 현상을 겪지 않았을 정도로 오래되지 않았음을 의미한다.

비너스 익스프레스호의 연구 결과에 따르면, 금성의 가장 최근 화산활동은 약 수억 년 전부터 수백 년 전 사이로 예상된다. 가장 최근의 화산현상으로 미루어 머지않아 금성에 또 다른 화산 폭발이 일어날지도 모른다. 지금 우리는 금성 표면 전체를 뒤바꿔놓은 화산활동의 마지막 잔재를 보고 있는 것일까? 화산활동은 지구 정도 크기의 행성이라면 어디에서나 빈번하게 벌어지는 일일까? 태양계의 쌍둥이 행성인 금성과 지구는 매우 다르지만, 금성을 연구하는 것은 우리 세계에서 '일반적인' 현상과 '특이한' 현상을 구분하고 이해하는 데 도움을 줄 것으로 기대된다.

마젤란호의 레이더로 촬영한 마트 몬스 화산. 마트 몬스 화산은 높이가 8km 정도 된다.

# 인간이 만든 일식

용감무쌍한 우리 우주여행객은 오늘 아침에 일어나 새로운 생각을 해보았다. 그리고 지구 근처를 완전히 벗어나기 전에 마지막으로 새로운 임무를 수행코자 한다. 그것은 바로 프톨레미호를 타고 지구 뒤편으로 이동해 우리만의 개기일식을 감상하는 것이다. 개기일식은 지구에서 보면 엄청난 장관을 연출한다. 아마 낮 시간에 태양계를 들여다볼 수 있는 유일한 기회일 것이기 때문이다. 우주로 나오면 더 이상 대기의 영향을 받지 않기 때문에, 일식이 아니고서는 태양을 직접 쳐다볼 수 없다.

우리는 이제 프톨레미호를 돌려 지구가 태양을 가릴 수 있는 지점으로 이동할 것이다. 이 지점에서는 태양이 지구에 가려 보이지 않는다. 달이 태양을 가리는 월식 현상과 마찬가지로, 지구가 태양의 광구를 완전히 가리면 채층으로 된 고리가 보인다. 채층은 앞서 살펴보았듯이 이온화된(대전된) 기체로 태양의 '피부'와도 같다. 또한 붉은색을 띠는 알파 수소hydrogen alpha 방출로 인해 진분홍색을 띤다. 채층 바깥쪽에는 유사한 색깔의 홍염이 분출되고, 각각의 분출은 지구를 집어삼킬 정도로 크다.

물론 우리는 프톨레미호를 타고 태양 내부를 탐험하고 왔지만, 멀리서 볼 때의 모습은 또 다른 새로운 느낌을 준다. 또 채층과 홍염을 감싸고 있는 아름다운 진주색의 코로나도 눈에 들어온다. 태양의 대기는 태양 지름의 15배 밖까지 영향을 미치며, 태양의 활동량에 따라 다양한 형태로 나타난다.

클레멘타인 우주선이 촬영한 코로나광과 황도광. 프톨레미호에선 인위적으로 만들어본 일식과 유사하다.

태양의 대기는 자기장의 영향을 받아 형태가 변한다. 지구에서 일식을 보면 태양 주위가 밝게 빛난다. 그러나 현재 우리가 있는 지점에서는 코로나가 더 밝게 빛나며, 은하수의 빛을 받아 찬란한 광경을 연출한다. 황도광, 즉 지구에서 일출과 황혼 시점에 원뿔 모양으로 퍼져 보이는 희미한 빛의 띠는 우주에서 볼 때는 훨씬 더 찬란하다.

그렇다면 황도광이란 무엇인가? 1683년에 프랑스의 천문학자 장 도미니크 카시니는 황도광이 나타나는 이유가 태양 주변에 있는 렌즈 모양의 얇은 먼지구름들로 인해 태양 빛이 분산되기 때문이라고 주장했다. 그의 이론에 따르면, 지구는 이 렌즈 모양의 구름 끝자락에 위치해 있다는 것이다. 이후 오랫동안 숱한 연구를 통해 이 먼지구름에 대한 오해들이 풀렸으나, 실제로 카시니의 주장 중 많은 부분이 정설로 받아들여지고 있다. 그러나 먼지구름의 정확한 구성과 기원에 대해서는 여전히 논쟁의 여지가 많다.

여러 의견 중에서 일부 먼지들의 근원이 소행성대라는 의견은 확실한 것으로 보인다. 이 먼지들이 수만 년에 걸쳐 태양의 중력으로 끌려왔다는 것이다. 또 하나의 주장은 태양으로 끌려온 혜성들의 잔해라는 것이다. 혜성이 끌려오면서 꼬리에 흩날리는 먼지와 기체들이 먼지구름을 형성하는 데 한몫 했다는 것이다. 그러나 우주에 돌아다니는 먼지들은 먼지구름을 형성하는 데 별로 기여하지 않는 것으로 여겨졌다.

우리 태양계는 태양향점이라 불리는 직녀성[Alpha Lyrae] 부근을 중심으로 30km/s의 속도로 움직이고 있다. 따라서 만약 이와 같은 속도에 다른 방향으로 움직이는 먼지를 볼 수 있다면, 아마도 성간 물질을 보는 것이라고 말할 수 있을 것이다. 이러한 물질들의 비율은 대전된 입자들의 움직임을 방해하는 태양의 자기권 계면의 영향과 성간 물질의 자체 속성 등에 따라 달라질 수 있다.

지금 우리 여행객들 중 BM 브라이언 메이는 먼지들을 모으는 데 꽤 열중하고 있다. 왜냐하면 그는 1970년대에 황도 구름에서 성간 물질을 발견했다고 생각했으나, 21세기가 된 현재까지 이에 대한 논문 작업을 미뤄왔기 때문이다.

칠레 라실라의 ESO(European Southern Observatory)
에서 촬영한 황도궁.

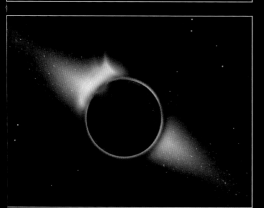

프톨레미호의 인공 일식은 지구의 일식에서는 볼 수
없는 드라마틱한 황도광의 모습을 보여주고 있다.

# 먼지 알갱이들

천문학자들은 황도 먼지구름 주변에서 흩어지는 빛에 관심을 가지고 있다. 좀 더 정확히 말하면 먼지구름은 빛이 흩어져 먼 우주의 관찰을 방해하기 때문에 관심을 두고 있다고 해야 할 것 같다. 먼 우주를 관측할 때는 이러한 '빛 공해'를 제거해야 하므로 정확한 먼지구름의 형태를 파악하는 일은 중요하다고 할 수 있다. 그러나 오랫동안 우주진에 대한 연구는 학계에서 주목받지 못했다. 천문학자들에게 성간 먼지는 골칫덩이였을 뿐이기 때문이다.

그러나 최근 들어 외부 행성계에 대한 연구들이 급증하면서 우주진이 진화하는 별과 주변 행성들의 재료가 된다는 사실이 밝혀졌다. 사실 별것 아닌 듯한 우주진은 우리의 몸과 주변 모든 것들을 구성하는 재료가 된다. 우주는 결코 빈 공간이 아니다. 우주진은 모든 곳에 존재하며, 우주의 모든 것들의 탄생과 죽음의 과정에서 생성되었다가 파괴되기도 한다. 마치 '먼지에서 먼지로 돌아가는 것'과 같다고 할 수 있다.

이 우주진을 모을 수 있을까? 그렇다. 프톨레미호에는 우주진을 채취하기 위한 장비들이 갖춰져 있고, 현미경을 통해 먼지 알갱이들까지 볼 수 있다. 우주진의 알갱이들은 매우 다양하다. 어떤 물질은 박물관에 진열된 운석에서나 볼 수 있는 것과 비슷하고, 또 어떤 것은 금속성 물질에 가깝기도 하다. 그러나 우주진의 화학 구조는 대게 비슷하다. 왜냐하면 혜성의 꼬리 주변에서 채취한 표본처럼 대부분 같은 덩어리에서 떨어져 나온 것들이기 때문이다. 이 알갱이들은 마치 스펀지처럼 보여서 종종 '솜털' 입자로 불리기도 한다. 오늘날 과학자들은 이 구조들이 별을 형성하는 촉매로 작용하는 데 중요한 부분을 차지할 것으로 여기고 있다. 이들의 불규칙한 표면에 화학물질들이 엉겨 붙고, 이 입자들이 방사능에 노출되면 별을 형성하는 데 필요한 연결고리가 만들어진다.

그 때문에 우주여행을 하는 동안 계속 만나게 될 우주진이 장관을 연출하지는 않을지라도, 우주진을 접하는 일은 우주여행에 매우 중요한 부분이라고 할 수 있다.

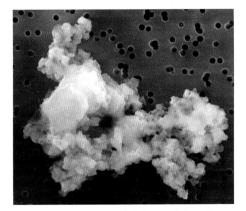

높이 약 10.5km의 성층권에서 우주진이 모이는 모습. 입자의 크기는 약 $10\mu m$ 정도다.

러브조이 혜성의 꼬리에서 먼지가 날리는 모습. 지상에서 대형 천체망원경에서 촬영한 사진.

1986년 은하수 앞을 지나는 핼리혜성. 혜성에는 발견자의 이름을 붙이지만, 핼리혜성은 특이하게도 혜성이 돌아올 것을 예측한 사람의 이름이 붙여졌다.

# 위기일발?

소행성 아포피스는 머지않아 지구와 조우하는 궤도로 움직이고 있다.

퉁구스카 강 유역의 소행성 충돌은 수천 km²에 달하는 지역에 피해를 입혔다.

일본의 탐사선 히야부사가 촬영한 소행성 25143 이토카와의 클로즈업 사진.

이제 황도 먼지들은 잠시 접어두고 계속 여행해보자. 지구의 궤도를 다시 지나면서 보니 몇 개 천체가 지구 주변에서 방황하고 있는 듯싶다. 이들은 소위 지구 주변 소행성이라 불리는 천체들로, 이들 중 하나는 언젠가 지구의 대기를 뚫고 내려와 지표면을 강타할지도 모른다.

다행히 거대한 소행성이 지구에 떨어지는 일은 매우 드물다. 물론 운석이 떨어지는 일은 가끔 있지만, 소행성 규모의 천체가 떨어진 일은 이미 지난 100여 년간 일어나지 않았다. 가장 최근에 떨어진 소행성은 사람이 살지 않는 시베리아의 퉁구스카강 지역에 떨어졌다. 당시에 충격이 너무 강해서 약 2000km²에 달하는 지역의 나무들이 쓰러졌다. 이로 미루어볼 때, 만약 소행성이 대규모 도시에 떨어진다면 그 여파는 이루 말할 수도 없을 것으로 짐작된다.

이제 이들 소행성 중 하나를 방문해보자. 소행성 아포피스$^{Apophis}$는 지름이 약 300m 정도이고, 곰보처럼 분화구 자국들로 울퉁불퉁한 표면을 가지고 있다. 아마 일생 동안 무수한 충돌을 겪은 모양이다. 한 덩어리의 고체라기보다는 돌무더기에 가까운 아포피스의 내부 중 40% 정도는 빈 공간일 것이다. 굳이 비유하자면 마치 해변에서 볼 수 있는 돌무더기 같은 느낌이다. 아포피스의 구성 물질 샘플은 콘드률$^{chondrule}$(mm 크기의 콘드라이트 미네랄의 둥근 입자)로 되어 있다.

이 콘드라이트들은 사실 소행성에서 가장 흔히 찾아볼 수 있는 물질이다. 아포피스는 최근 일본에서 샘플 채취 목적으로 수행한 '하야부사' 미션의 주 대상이었던 소행성 '이토카와'와 매우 흡사하다. 머지않아 아포피스에도 방문이 이루어질 것으로 보인다. 유럽의 돈키호테 미션에서는 아포피스 방문을 목표로 잡고 있으며, 충격 등을 가함으로써 지구와의 충돌 가능성 제거를 검토하고 있다.

왜 이처럼 아포피스에 큰 관심을 갖는 것일까? 그것은 이 소행성이 머지않은 미래에 지구를 위협할 수 있기 때문이다. 아포피스는 지표면에서 3만 5785km 거리까지 근접할 것으로 보인다. 이는 인공위성 궤도 내의 거리이다. 근접일은 2029년 4월 13일 금요일로 날짜 자체도 매우 불길하다. 하지만 우리는 이미 소행성의 궤도를 파악하고 있으며 충돌은 일어나지 않을 것으로 예측 중이다. 이러한 위기일발의 상황 이후에는 지구의 중력 때문에 소행성의 궤도가 변화할 것으로 예상되어, 이후 경로에 대한 예측은 조금 어렵다. 아포피스는 2036년에 지구를 재방문할 것으로 보이며, 이때의 충돌 가능성은 1/45,000 정도로 매우 낮다고 보고 있다. 여러분이 오늘 두 발 뻗고 잠자리에 들기에는 충분히 낮은 확률이다.

이제 우리는 2029년이 되면 지구의 하늘에서 다시 만날 수 있는 소행성 아포피스를 뒤로하고 앞으로 나아갈 것이다.

# 데이모스에 들르다

다음으로 시야에 들어오는 행성은 화성이다. 우선은 화성을 감상하기 위한 좋은 위치^vantage point^가 필요할 것 같다. 화성은 포보스와 데이모스라고 불리는 두 개의 위성을 가지고 있다. 두 위성의 이름은 그리스 신화에 나오는 공포의 신들을 딴 것이다. 화성을 관측하기에 좋은 지점인 이 두 위성 중 하나를 관측 지점으로 삼겠다. 아마 천문학자들이 화성을 방문했더라도 우리와 같은 선택을 했을 것이다. 또 현재 다양한 우주 미션 계획들이 두 위성을 목표 대상으로 잡고 있다. 적어도 화성의 두 위성은 화성 표면으로 탐사 로봇을 보내고 조종하기에는 최적의 장소다. 화성의 위성에서 탐사 로봇을 조종할 경우, 현재 지구에서 신호를 송수신하는 탐사 로봇들보다 신호 지연 현상이 적을 것이다.

일단 우리는 화성의 두 위성 중 좀 더 작은 데이모스로 이동하고 있다. 데이모스에 다가갈수록 위성의 기이한 형태에 놀라지 않을 수 없다. 마치 찌그러진 배처럼 생긴 이 위성의 지름은 가장 넓은 곳이 약 15km 정도에 지나지 않고, 구형으로 틀을 잡기에는 중력이 충분치 않다. 데이모스는 화성 표면에서 2만 100km 떨어진 곳에 위치해 있다. 지구와 달 사이 거리의 1/10밖에 되지 않기 때문에 위성 데이모스는 매우 빠르게 움직여 화성을 한 바퀴 도는 데는 약 30시간밖에 안 걸린다. 또 우리는 몇몇 큰 분화구를 관측할 수 있는데, 이 중 눈에 띄는 두 개의 분화구 이름은 스위프트와 볼테르이다. 두 사람은 18세기에 활동했던 학자로 화성에 위성이 관측되기 훨씬 전부터 위성의 존재를 확신했던 인물들이다.

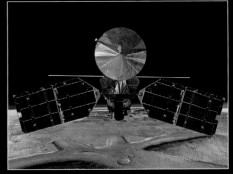

화성 정찰위성(MRO)의 모습.

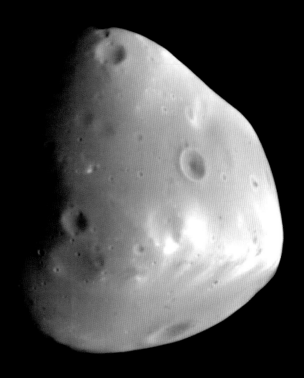

고해상도 카메라(HiRISE)가 촬영한 데이모스의 사진. 데이모스는 화성의 두 위성 중에 작은 위성이다.

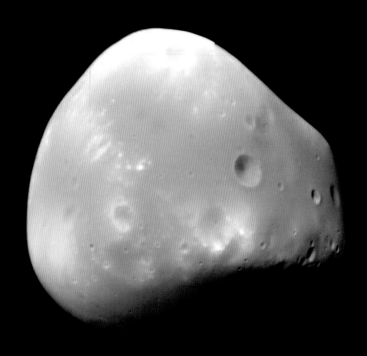

화성 정찰위성(MRO)이 찍은 포보스의 모습.

그러나 전체적으로 위성 데이모스는 이상하리만큼 매끄럽다. 이는 데이모스와 포보스 모두 표면이 단단하지 않은 전토층$^{regolith}$으로 되어 있기 때문이다. 데이모스 표면 구성 물질을 살펴본 결과, 소행성과 크게 다르지 않은 것으로 나타났다. 사실 데이모스는 화성 주위에 있다가 화성의 중력에 끌려가 위성이 되었다는 설이 있다. 만약 사실이라면 데이모스의 공전궤도는 타원형이어야 한다. 그러나 데이모스의 궤도는 원형에 가깝기 때문에 이 주장은 설득력을 얻지 못하고 있으며, 데이모스의 기원은 여전히 풀리지 않은 수수께끼로 남아 있다. 포보스 또한 화성의 중력 때문에 끌어당겨진 소행성으로 여겨지며 데이모스와 비슷한 공전궤도를 가지고 있다. 그러나 포보스는 화성과 더 가깝기 때문에 조력 작용으로 인해 시작 궤도와 상관없이 원형 궤도로 변해갔을 가능성이 높다.

여기서는 위성 포보스도 눈에 잘 들어온다. 포보스는 일곱 시간 반에 한 번꼴로 화성 주위를 공전하고 있다. 포보스에는 스티크니라고 이름 붙인 거대한 분화구가 있는데, 아마 이 분화구가 생성될 때 일어난 충돌로 이 작은 위성은 거의 산산조각 날 뻔했을 것이다. 포보스의 구성 성분은 데이모스처럼 일반적인 소행성과 흡사하고, 밀도가 매우 낮은 것처럼 보인다. 그러나 과연 포보스의 안은 비어 있을까? 혹여 위성 포보스는 거대한 고체 형태를 가장한 돌무더기에 불과한 것일까? 아니면 낮은 밀도의 얼음을 내부에 저장하고 있는 것은 아닐까?

물론 우리는 이에 대한 해답을 아직 못 찾았으나, 여러 가능성을 고려해볼 때 포보스와 데이모스의 형성과 관련한 새로운 가설들을 찾아볼 필요가 있다. 어쩌면 이들은 화성의 중력에 걸린 소행성이 아닐 수도 있다. 화성이 형성될 때 여분의 물질들이 결합하여 생겨나거나 혹은 충돌 등으로 떨어져 나온 부산물일 수도 있다. 이제 데이모스와 포보스에 대한 연구는 전문가들에게 맡기고, 우리는 화성을 향해 나아갈 차례다.

포보스의 스티크니 분화구 모습(MRO 촬영).

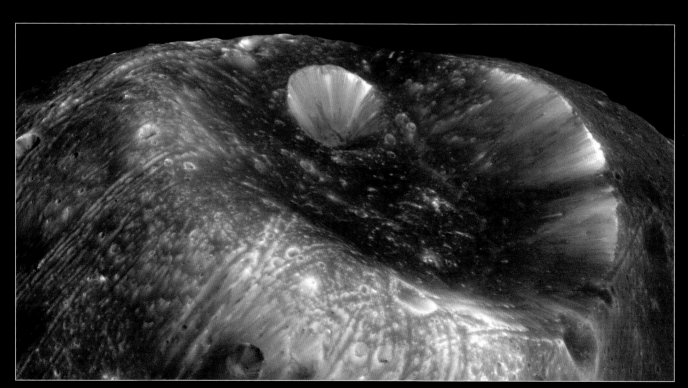

# 화성으로 가는 길

데이모스의 하늘에 드리운 화성은 무척 아름답다. 지구에서 하늘의 달을 올려다볼 때와 비교하면, 화성은 약 1000배 정도 더 넓은 데이모스 하늘의 면적을 차지하고 있으며, 약 100배 정도 더 밝게 빛난다. 화성$^{Mars}$은 로마신화에 나오는 전쟁의 신의 이름을 따서 붙인 것이다. 지구의 밤하늘에 핏빛으로 붉게 빛나는 화성은 이미 수 세기 전부터 관측되어왔다. 그러나 화성에서 고작 수천 km 정도 떨어진 현 지점에서 본 화성은 단지 붉은색으로만 보이지는 않는다. 붉은색과 황토색이 어우러져 있고, 여기저기 어두운 색깔의 얼룩들도 여러 곳에 보이며, 양 극지방에는 하얀색도 더러 보인다.

양 극지방의 하얀색은 우리가 짐작하는 대로 얼음이다. 화성의 북극 지방 얼음은 남극보다 크다. 계절의 경우, 화성의 남반구가 여름일 때는 북반구는 겨울이다. 또한 화성의 한 해 동안 얼음의 크기는 줄어들기도 하고 커지기도 한다. 화성에 계절 차가 나타나는 이유는 화성의 축이 24도 정도 기울어져 있기 때문이다. 이는 지구의 축이 23.5도 기울어져 있는 것과 큰 차이가 없다. 화성의 하루 길이 또한 24.5시간으로 지구와 별 차이가 없다. 훗날 화성에 식민지가 건설된다면, 과연 시간 관리를 어떻게 할까 궁금하다. 킴 스탠리 로빈슨의 공상과학소설에는 이에 대한 재미난 아이디어가 있다. 화성의 하루를 24시간으로 하되, 30분간의 '타임 슬립'을 두고 이 시간 동안은 아무 일도 할 수 없도록 하는 것이다.

때로 화성의 계곡에서 시작된 먼지 폭풍은 표면 전체를 덮을 정도로 커지기도 한다. 이는 천문학자들에게는 여간 초조한 일이 아닐 수 없다. 먼지 폭풍으로 탐사선이 피해를 입기 때문이다. 그러나 현재 화성의 날씨는 약간의 국지적 돌풍들이 있지만 대체로 화창한 듯하다. 화성은 분화구, 산맥, 화산 그리고 협곡 등으로 가득한 신비로운 세계. 화성 북반구는 용암의 영향을 받아 매끄러운 평원이 주를 이루는 반면, 남반구는 고지대에 가득한 분화구들로 미루어 북반구의 표면보다 더 오래된 것으로 보인다. 왜 화성의 북반구와 남반구의 차이가 이렇게 두드러지는지 아직까지는 확실히 알 수 없지만, 아마 화성이 한때 지구의 크기 반 정도 되는 위성에 크게 영향을 받았던 것으로 보인다. 어디를 가더라도 초기 태양계는 매우 혼돈스러웠음을 보여주는 증거가 가득한 듯하다.

태양계 초기에 대충돌이 있기 전, 화성은 매우 다른 세계였을 것이다. 한때 화성 표면에 액체가 가득했을 것이라는 수많은 증거들이 있다. 화성 표면에는 한때 강이 있었을 법한 흔적들이 가득하고, 강 하구에 생기는 삼각주들도 눈에 들어온다. 그 외에도 침식작용의 숱한 흔적이 보인다.

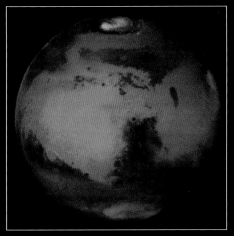

허블 우주망원경으로 본 화성의 모습.

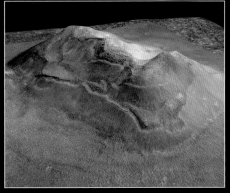

마스 익스프레스 탐사선이 촬영한 시도니아. 이 지역은 '화성의 얼굴'로 더 잘 알려져 있다. 그러나 안타깝게도 이 사진에서는 언덕만 눈에 들어온다.

화성 북반구 스키아파렐리분화구의 모자이크.

이 하얀 산마루는 화성에서 촬영된 것이다. 한 이론은 물이 지하의 균열로 흘러들어가면서 주변 암석들의 색을 변화시켰다고 주장하고 있다.

또한 우리는 화성의 극지방에 드라이아이스가 존재하며, 그 밑에 얼음이 존재한다는 것도 알고 있다. 한때 화성 표면에 액체가 존재하려면, 당시 화성의 대기는 오늘날보다 두꺼웠을 것이다. 오늘날 화성의 대기는 매우 얇은 이산화탄소가 전부다. 또한 화성의 기압은 지구의 해수면 기압과 비교했을 때 1/10밖에 되지 않으며, 계속해서 낮아지고 있다.

이제 우리는 온화했던 옛 화성의 증거를 찾아보기 위해 표면으로 내려갈 것이다. 그전에 먼저 레이더를 이용해 얼음을 조사할 것이다. 마치 지구의 과학자들이 남극에서 얼음을 추출하여 수백만 년 전 기후변화의 증거를 찾아보듯 말이다. 다른 우주선들 역시 이와 같은 실험을 했으며, 유럽의 마스 익스프레스와 미국의 화성 정찰위성 모두 이런 레이더 장비를 탑재하고 있었다.

우리가 보고 있는 것은 단순한 얼음덩어리가 아니다. 이 얼음은 다른 물질들로 층이 분리되어 있다. 이로 미루어볼 때 화성의 기후는 단순히 한 방향으로 악화된 것이 아니라, 어떤 주기를 거쳤을 가능성이 높아 보인다. 즉 한때 화성은 오늘날처럼 극지방에 얼음이 생길 정도로 추웠다가 다른 때에는 얼음이 대기 중에 기화될 만큼 따뜻했을 것으로 보인다. 어쩌면 이 시기에는 화성 표면에 물이 흐르는 것이 가능했을지도 모른다. 이런 급격한 변화의 이유 중 하나는 아마 화성의 불안정한 자전축 때문일 것이다. 앞서도 언급했던 화성의 자전축은 시기에 따라 각도가 변했을 수 있으며, 크게 기울어져 있을 때는 상대적으로 기온이 높았을 것으로 보인다. 지구는 자전축이 크게 변화한 흔적은 보이지 않는다. 왜냐하면 달의 중력이 이를 안정화해주었기 때문이다. 그렇지 않았더라면 지구도 자전축이 크게 흔들렸을 수 있다.

화성 연구는 그 자체로도 매우 흥미롭지만, 행성 내에 생명의 흔적을 찾는 이들에게는 더욱더 중요하다. 우주 어딘가에 생명이 존재할 확률을 계산할 때 가장 문제 되는 요소는 생명이 탄생하는 여건조차 정확히 알지 못한다는 점이다. 지구의 생명에 대한 이해는 이 문제를 해결하는 데 큰 도움이 되지 못한다. 지구에는 이미 생태계가 존재하기 때문이다. 우리는 화성이 한때 두꺼운 대기와 습한 표면을 가지고 있었다는 점이 생명의 잉태에 충분한 요소라고 믿고 있다. 하지만, 사실 우리는 생명이 탄생한 이후의 진화 과정에 대해서는 많은 것을 알고 있으나, 첫 번째 생명체의 탄생에 필요한 요소는 정확히 알지 못한다. 만약 화성 어딘가에서 화석 등을 발견한다면, 우주에서 생명이 존재할 확률은 급격히 커질 것이다.

사실 화성에서 화석이 발견되었다는 소식이 한 번 있었다. 그러나 정확히 말하면 화성이 아니라, 화성에서 온 것으로 보이는 운석 안의 화석이 남극에서 발견되었다. 1990년대에 연구자들은 이 운석 안에서 지구의 박테리아 1/10 크기 정도의 흔적이 발견되었다고 밝혔다. 대부분의 과학자들은 회의적인 입장이었음에도 논쟁은 계속되었다. 그럼에도 과학자들 모두 화성은 계속해서 탐사해 볼 필요가 있다는 점에 동의한다. 자, 이제 우리가 화성에 착륙할 차례다.

# 모래시계 바다

　　이제 본격적인 화성 탐사를 위해 천체 관측자들에게도 잘 알려진, '모래시계 바다<sup>Hourglass Sea</sup>'로 불리는 크고 어둡고 삼각형 모양으로 생긴 평원으로 내려가보자. 이 평원은 사실 모래시계처럼 생긴 것도, 그리고 바다도 아니다. 시르티스 메이저<sup>Syrtis Major</sup> 평원은 너비가 약 1280km나 되는, 화성에서 가장 눈에 잘 들어오는 완만한 곡선의 고원 지역으로, 고대 순상화산의 잔재로 보인다.

　　그럼 이 평원은 과연 어떤 곳인가? 우선 이곳은 매우 춥다. 비록 시르티스 메이저가 화성의 적도 지역을 가로지르기는 하지만, 이 평원의 온도는 섭씨 몇 도 이상을 절대 넘지 않고, 해가 진 후에는 빙점 이하로 떨어진다. 평원의 지표면은 어두운 현무암들과 상대적으로 얇은 먼지들로 덮여 있어 어두운 색을 띤다. 지반이 낮은 지역은 화성 표면에서 흔한 붉은색 물질로 되어 있다. 이 물질은 산화물, 즉 부식물이라고 할 수 있다. 이 산화물은 화성의 분홍빛 노란<sup>pinkish-yellow</sup> 하늘을 이루는 물질이며, 일몰 시에는 보랏빛 장관을 연출한다. 화성에서 하늘의 태양을 올려다보면 확실히 지구에서보다는 작고 옅게 보인다. 또 화성의 대기는 소리를 전달하기에 좋은 환경이 아니어서 조금 으스스할 정도로 조용하다.

　　화성의 지표면 위라도 우주선 밖을 돌아다니려면 반드시 우주복을 착용해야 한다. 이곳의 대기는 기압이 매우 낮기 때문에, 인체의 피를 포함한 액체는 훨씬 낮은 온도에서도 끓는점에 도달하게 된다. 그 때문에 여러분이 우주복을 입지 않는다면 몇 초도 지나지 않아 체내의 혈액이 끓으며 모두가 원치 않는 매우 끔찍

MRO의 HiRISE 카메라로 촬영한 영상으로 닐리 포세 지역의 골 일부. 이곳은 시르티스 메이저 평원의 북부 지역으로 미네랄이 풍부하다.

화성 전역 조사선(MGS)에서 본 시르티스 메이저의 모습(넓은 검은색 지역). 화성의 남반구가 여름일 때 촬영한 사진이다.

마스 익스프레스가 촬영한 시트리스 메이저 지역.

한 결말을 맞을 것이다. 그러나 너무 걱정하지 말기 바란다.

화성에서 우리는 많은 것들을 둘러볼 수 있다. 시르티스 메이저 북부 지역의 닐리 포세 고원 바로 밑에 착륙하기로 했다. 닐리 포세는 한때 화성 표면에 물이 흐르던 곳으로 추측되는 지역으로 탐험하기에 이상적이다. 우리는 용암 평원에 깊게 파인 마른 하곡을 거닐어볼 수 있다. 하곡의 너비는 최대 800m 정도로 크다(미시시피 강 하류의 너비 반 정도나 된다). 하곡은 깊은 분화구와 맞닿아 끊겼다가 다시 이어진다. 아마도 이 분화구가 하곡보다 상대적으로 최근에 생겨난 것으로 보인다. 하곡과 맞닿은 지역은 움푹 파여 있으며 가운데 눈물 모양으로 생긴 돌무더기가 보인다. 이 돌무더기는 한때 섬이었을 것이며, 침식작용의 흔적들이 눈에 들어온다.

이 같은 극적인 자연경관은 극적인 사건들로 인해 생겨났을 것이다. 최소한 이곳의 지질학적 특징이 우리에게 그렇게 말해주고 있다. 이곳의 하곡들은 수천 년 동안 완만하게 흐르던 강에 의해서가 아니라, 수억 리터에 달하는 어마어마한 양의 급류에 의해 깎여졌을 것이다. 이는 마치 워싱턴 주 화산 용암지의 절경과 유사하다고 할 수 있다.

그렇다면 이 물은 어디서 온 것일까? 확신할 수는 없지만, (만약 화성 표면 아래에 얼음이 존재한다면) 아마도 화성 극지방의 빙원에서 시작되었거나, 혹은 화산에 의한 열기로 인해 급격한 홍수가 생겨났을 것으로 보인다. 암석에 남아 있는 정보들로 미루어볼 때, 이 협곡들은 시트리스 메이저에서 여전히 화산활동이 활발한 시점에 생긴 것으로 보이며, 이는 위의 이론을 충분히 뒷받침하는 근거다.

이외에도 화성의 화산활동에 대한 다른 증거들도 존재하는데, 이 중 가장 큰 올림푸스몬스 화산을 살펴보자.

왼쪽 상단의 밝은 지역은 아라비아로 알려져 있으며, 오른쪽의 어두운 지역이 시트리스 메이저 평원이다.

# 올림푸스몬스 화산

시르티스 메이저 평원의 지형들은 과학자들이 일생 동안 연구하기에 충분할 정도로 많다. 그러나 우리는 화성 전체를 탐험해야 한다. 우리가 착륙한 지점에서는 많은 것을 보기 어렵다. 지구에 비해 상대적으로 작은 화성은 천체의 굴곡이 훨씬 심하기 때문에 지평선이 더 가깝게 보인다. 그 때문에 다시 우주선으로 돌아가 올림푸스몬스 화산 위로 날아가 보자! 올림푸스몬스는 태양계에서 가장 높은 산으로, 주변 지형을 기준으로 높이는 2만 6822m에 너비는 563km나 된다. 지구에서 가장 높은 에베레스트도 올림푸스몬스에 비하면 난쟁이라고 할 수 있다. 사실 올림푸스몬스 화산은 매우 높아서 화성 대기를 뚫고 올라와 있으며, 산 정상의 화구는 실제로 우주에 나와 있다고 볼 수 있다. 언젠가는 이곳이 천체 관측소를 짓기에 안성맞춤인 지역으로 거듭날 것으로 기대한다.

사실 올림푸스몬스 화산은 타르시스 라이즈<sup>Tharsis Rise</sup>라고 불리는 고지대에 위치한 네 개의 화산 중 하나다. 다른 세 화산은 아르시아몬스, 파보니스몬스, 알카이오스몬스라고 불리며 화성의 먼지 폭풍 위를 뚫고 나올 정도로 높다. 물론 화성의 다른 지역에도 화산들이 많지만, 화산의 규모만 놓고 보았을 때 타르시스 라이즈의 화산들과는 비교할 수 없다.

올림푸스몬스 화산은 화구 자체만으로도 웅장하기 그지없다. 지름은 약 85km에 깊이는 약 3.2km나 된다. 화구 안에는 여섯 개의 작은 화구와 무수한 구덩이들이 있다. 화구 측면은 절벽에 가까울 정도로 가파르기 때문에 인간이 오르기는 매우 힘들 것이다. 아마도 올림푸스몬스 화산을 오르는 것보다 더 힘들 것이다 (암벽 등반가들에게는 꽤 실망스러운 소식일 수도 있겠다). 화산 자체의 경사는 매우 완만하여 끈기와 체력만 뒷받침해준다면, 걸어서 정상까지 오르는 것도 가능하다.

이런 완만한 경사는 대부분의 거대한 순상화산에서 일반적으로 찾아볼 수 있다. 순상화산은 유동성이 큰 염기성 용암의 분출로 형성되어 경사가 완만하다. 올림푸스몬스의 크기를 고려할 때, 용암 분출 과정은 꽤 오랜 시간이 걸렸을 것이다. 아마 우리가 보고 있는 것은 수많은 화산 분출의 결과물일 것이다. 그렇다면 올림푸스몬스의 화산 분출은 언제 끝났을까? 아니, 끝이 나기는 한 것일까? 올림푸스몬스가 활화산인지 아니면 단순히 휴지기인지 단정 지을 수 없지만 현재의 분화구 형태를 볼 때 마지막 용암 분출은 수백만 년 전이었을 것으로 추정된다.

지금까지 화성의 최근 사건들에 대한 가능성을 집중적으로 탐구해보았으니 이제 화성의 전체적인 역사에 대해 짚고 넘어가야 할 것 같다. 그러기 위해서는 화성 표면을 자세히 살펴볼 필요가 있다.

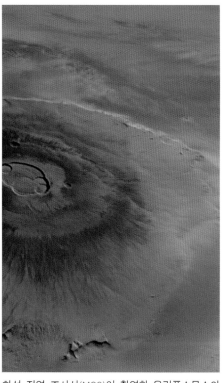

화성 전역 조사선(MGS)이 촬영한 올림푸스몬스의 모습.

화성의 구름이 타르시스 중앙 지역의 화산 정상을 지나는 모습. 올림푸스몬스는 오른쪽 상단에 위치해 있다.

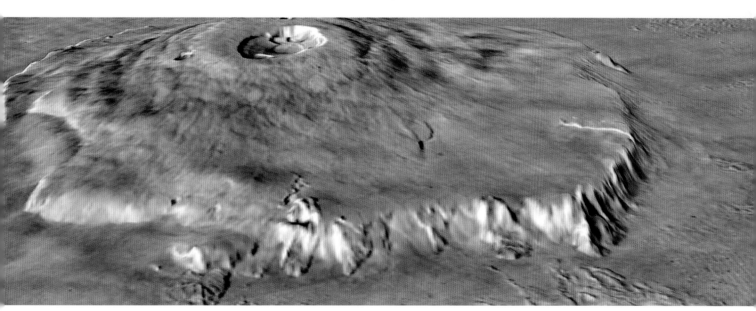

태양계에서 가장 큰 화산인 올림푸스몬스는 지구에서 가장 큰 화산보다 부피가 50배나 더 크다.

MGS가 촬영한 올림푸스몬스의 모습.

# 피닉스의 비행

화성의 북극은 가장 화창한 날에도 매우 적막한 곳이다. 넓은 지역은 거의 특징 없는 평원으로 그나마 육각형으로 된 조금 특이한 지형이 눈길을 끈다. 이 지형은 화성 궤도에서 보면 마치 지구의 북아일랜드의 자이언츠 코즈웨이 Giant's Causeway의 확대판처럼 보인다. 이 특이한 육각형의 지형은 표면이 얼었다 녹았다를 반복하면서 생긴 것으로 지면에 금이 간 것이 특징이다. 겨울에는 북극의 빙원에 잠식되었다가, 봄이 되어 얼음이 녹아야 다시 모습을 드러낸다.

천문학자들은 이 특이한 지형에 큰 관심을 갖고 있으며, 레이더를 이용해 화성의 북극 표면 아래 거대한 얼음 호수가 존재한다는 것을 발견해냈다. 이에 대한 신호는 거의 확실하지만, 확실한 물증 확보를 위해서는 얼음을 샘플로 채취해 테스트해볼 필요가 있었다. 그러나 이곳에 우리가 처음 도착한 것은 아니다. 주변을 잘 찾아보면 피닉스 우주선이 2008년 5월 25일에 착륙했던 흔적이 눈에 들어온다. 착륙선의 푸른빛 태양 판이 황토색 표면과 대조되어 화성 궤도에서 찍은 사진에서도 쉽게 찾아볼 수 있을 정도였다. 지금은 이미 계절이 겨울로 접어들어 눈에 잘 들어오지 않지만, 이 착륙선은 여러 가지로 중요한 임무를 수행했다.

피닉스호는 화성 북극의 얼음 토양을 조사하여 화성의 물의 역사와 생물의 존재 가능성 탐사를 목적으로 설계되었다. 다시 말해 화성에서 생명이 존재할 가능성에 대한 단서를 찾기 위해 보내졌다. 피닉스호의 탐사는 화성의 여름 기간 짧게 진행될 목적으로 계획되었기 때문에 우주선을 로버 형태로 제작할 필요가 없었다(이 넓은 지역은 대부분 서로 크게 다르지 않았다). 또 여름 기간 동안 태양 빛을 충분히 받기 때문에, 데이터를 송수신하기 위한 전력을 충전하기에도 충분했다.

피닉스호는 특별히 크기가 큰 것은 아니었다. 이 착륙선은 태양 판을 펼치면 길이가 5.5m 정도였고, 약 3.5m 너비의 갑판에 각종 과학 장비들을 실었다. 높이는 약 2.2m 정도였으며, 기대 수명은 약 24시간 36분 정도로 매우 짧았다.

피닉스호의 착륙 지점은 평평했으며, 처음 촬영했을 당시의 흔적이 희미하게 남아 있다. 피닉스호는 로봇 팔을 장착하고 있어 지면 50cm 아래까지 땅을 파는 것이 가능했으며, 샘플을 채취해 분석도 가능했다. 로봇 팔은 다소 끈끈한 얼음 흙을 채취하는 데 어려움을 겪는 등 성능이 조금 떨어지긴 했으나, 샘플 채취

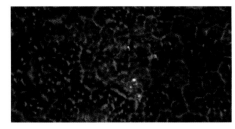

화성 북극의 2012년 겨울을 촬영한 사진. 얼음이 고체에서 기체 상태로 승화하면서 육각형과 다각형의 패턴들이 드러나고 있다. 정지한 피닉스 착륙선의 모습이 중앙에 보인다.

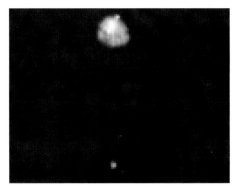

MRO가 촬영한 피닉스호의 표면 착륙 사진. 수백만 km 떨어진 곳에서 조종하는데도 불구하고 놀라울 정도로 정교하다.

화성 표면에 착륙한 피닉스호의 전경.

피닉스 착륙선의 자화상.

에 성공해 다양한 화학 정보를 지구로 보내는 데 성공했다.

피닉스호의 착륙 지점에는 풍부한 양의 얼음이 있었다. 우주선의 추진력으로 인해 표면의 먼지들이 날아가는 바람에 쉽게 발견되었던 것으로 보인다. 착륙 지점의 토양은 아스파라거스를 키우기에 적합할 정도로 약한 염기성의 pH 수치를 보였다. 물론 화성에 작물을 심는 것은 현재로선 터무니없는 일이지만 말이다. 한 가지 놀라운 점은 과염소산염이라고 불리는 고반응 분자를 발견했다는 것이다.

피닉스호는 한 지점의 토양 샘플 확보만 가능했기 때문에, 과염소산염의 발견 이후 얼마나 광범위한 지역에 이 물질이 존재할지와 화성의 생명 존재 확률에 대해 어떤 결과를 제공해줄 수 있는가에 대한 논란이 끊이지 않았다. 한편에서는 과염소산염의 반응 분자가 단순한 생물의 에너지원으로 활용될 수 있을 것이라고 주장하는 반면, 다른 편에서는 생명의 탄생에 방해 요인이 될 것이라고 주장하기도 했다.

이에 대한 진실이 어떻든 간에, 과염소산염이 존재하는 10여 년간 지속되어온 미스터리를 해결하는 데 중요한 열쇠가 될 것으로 보인다. 종전에 화성에 착륙했던 바이킹호의 경우, 생명의 소재가 될 수 있는 물질을 찾기보다는 생명 자체를 찾는 데 주력했다. 그 결과로 채취한 토양에 열을 가할 경우 미생물을 포함한 샘플에서와 마찬가지로 활발한 화학반응이 일어난다는 것 외에 뚜렷한 결론을 얻지 못했다. 그 외 바이킹호의 실험들은 음성 결과를 보였으나, 이제 피닉스호에서 밝혀낸 과염소산염과의 화학반응을 조사하면 이런 문제들도 해결될 가능성이 있다.

물론 피닉스호에서 탐사한 화성의 북극 지역 토양의 구성 물질이 바이킹호에서 채취한 토양 물질과 흡사할 것이라고 단정 지을 수는 없다. 비록 피닉스호가 샘플을 채취하는 데 성공하긴 했으나, 일정에 차질이 빚어져 피닉스호는 계획보다 빨리 밤을 맞았다. 화성의 밤이 깊어질수록 온도는 떨어졌고, 태양 판에 전력을 충전할 시간도 여의치 않았다. 마지막 신호는 착륙한 지 5개월 후에 보내온 신호였으며, 이후 피닉스호의 여정은 끝이 났다. 물론 여전히 궤도선의 카메라를 통해 영상을 확보하고 있으며, 얼음이 늘어났다 줄어드는 과정도 확인할 수 있었다. 어찌 되었든 피닉스호는 미션을 완수한 채 이곳에 남아 있으며, 언젠가 화성 박물관이 생긴다면 박물관 내에 전시될 것이다. 운이 좋지 않다면, 화성의 겨울을 견디지 못하고 이내 사라져버릴지도 모른다. 그러나 피닉스호는 여러 가지 과학적 유산을 지구의 과학자들을 위해 남겼다. 이곳에 남아 있는 피닉스호는 우리 같은 호기심 많은 방문자들에게 흥미로운 볼거리를 제공하고 있다.

### SOL 20  SOL 24

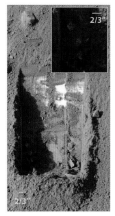
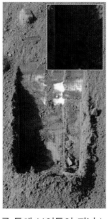

SSI(Surface Stereo Imager)를 통해 보이듯이 피닉스호는 화성의 북극을 파헤쳐 얼음을 발견했다. 이 영상이 촬영되던 나흘 중간에 일부 얼음이 완전히 녹아버렸다.

# 탐사선 스피릿과
# 오퍼튜니티를 만나다

　화성의 분화구는 과학자들에게 매우 가치가 높다. 왜냐하면 화성 표면 아래 무엇이 있는가를 살펴볼 수 있게 해주기 때문이다. 분화구의 표면과 벽을 구성하는 암석을 보면 행성의 역사를 읽어낼 수 있다. 예를 들어 구세프 분화구는 화성 남반구의 추운 지역에 위치한, 상대적으로 별다른 특징이 없는 분화구다. 이 분화구를 먼 하늘에서만 보아도, 이 지역이 호수 바닥에 가깝고, 길이가 160km 정도이며, 분화구 남쪽에 긴 수로가 연결되어 있음을 알 수 있다. 수로의 명칭은 마우스<sup>Mawrth</sup> 계곡으로 지금은 황폐하지만, 한때는 격류가 지나던 곳으로 보인다. 구세프 분화구 바닥에는 수십억 년 전 초기 화성이 형성되던 시기에 있었던 다수의 충돌 과정에서 생긴 것으로 보이는 수많은 작은 분화구들이 있다. 다시 말해 아마도 화성의 표면 중 가장 오래된 지역으로 보이는 구세프 분화구 바닥은 대개 화산암으로 되어 있으며, 이 화산암들은 한때 분화구가 호수였을 때의 퇴적물을 모두 덮고 있다.

화성 표면에서 촬영한 화성 탐사선 사진.

　그러나 안타깝게도 구세프 분화구에서는 화성의 물의 역사에 대한 확실한 증거를 찾기가 어려웠다. 그럼에도 불구하고 이곳에서 물의 흔적을 찾고자 한 것은 비단 우리뿐만이 아니었다. 표면에는 분화구의 중앙부터 작은 언덕 무리가 위치한 지점까지 타이어 자국이 남아 있다. 길이는 대략 2~3km 정도 될 것으로 보인다. 가까이서 보면 분화구 중심에 특이한 꽃 모양의 플랫폼을 하나 찾아볼 수 있다. 주변에는 부드러운 실크 소재의 낙하산 같은 것도 보일 것이다. 이곳은 2004년 화성에 착륙한 NASA 스피릿 탐사선의 착륙 지점이다. 분화구 바닥에서 호수의 침전물 등에 대한 증거를 찾기 위해 보내진 스피릿은 이와 관련된 증거자료는 찾지 못했지만 원래 계획했던 90일 이후에도 생존하여 수년간 미션을 수행했다.

　이제 우리는 스피릿의 흔적을 따라 이동할 것이다. 다행히 화성의 대기가 얇아 아직까지 흔적이 남아 있다. 이동 경로는 언덕 무리 지점까지 수 km 정도 이어져 있다. 이 언덕 무리는 컬럼비아 힐스로 안타깝게 사고가 발생했던 컬럼비아

엔데버 분화구 주변에서 촬영한 오퍼튜니티호.

우주왕복선 대원들의 이름을 기리는 차원에서 지어졌다.

스피릿 탐사선은 높이 91.4m의 허스밴드 언덕 정상까지 이동해 주변 지형에 대한 시야를 확보했던 것으로 보인다. 스피릿이 언덕까지 이동하는 데는 화성 기준으로 591일이나 걸렸다. 그리고 여기서 멈춰 섰다. 2009년 4월, 모래 구덩이에 빠진 이후 여전히 빠져나오지 못한 상태로 스피릿 탐사선의 미션은 종료되었다.

하지만 화성의 다른 편으로 가보면 스피릿호의 쌍둥이 자매인 오퍼튜니티호가 여전히 활발하게 움직이고 있는 것을 볼 수 있다. 오퍼튜니티호는 지구 기준으로 7년 이상 활보하며 여러 분화구를 조사하고 있다. 현재 메리디아니 평원을 탐사 중이다. 분화구 측면의 벽을 조사하면 화성의 역사를 파헤칠 수 있다. 오퍼튜니티호가 분화구 벽을 깊게 파고 내려갈수록 화성의 초기 역사를 접하게 될 것이다.

오퍼튜니티호의 화성 탐사는 분화구에서 시작되었다. 이 탐사선은 낙하산을 타고 화성 표면에 착륙하여, 분화구와 분화구 사이를 이동하며 계속 조사하고 있다. 첫 번째 조사 대상은 너비 130m와 높이 20m의 인듀어런스 분화구였다. 이후 2007년 6월경에는 지름 800m와 높이 91m 규모의 빅토리아 분화구로 이동했다. 오퍼튜니티호는 분화구 주변에 대한 사전 조사를 간단히 마친 뒤 덕 베이라고 불리는 지점으로 내려갔다. 빅토리아 분화구를 내려가는 일은 쉽지 않았다. 지금 우리가 여기 서 있는 것만으로도 현기증이 날 만큼 가파르다. 그러나 다행히 오퍼튜니티호는 분화구 아래까지 잘 내려간 듯하다. 탐사선의 바퀴 자국이 분화구 안쪽에서 반대쪽 바깥까지 좀 더 큰 분화구 방향으로 이어져 있다.

다음 분화구는 인데버 분화구이다. 이 분화구는 지름 약 22km에 깊이는 약 300m나 되고, 최소 수백만 년에서 수십억 년 전의 화성 역사를 담고 있는 암석들을 포함하고 있다. 불행히도 오퍼튜니티호는 이동 중 바퀴가 고장 나는 바람에 후진 주행밖에 할 수 없으며, 로봇 팔도 고장이 나서 접는 것이 불가능해졌다. 그래서 현재 우스꽝스러운 모습으로 이리저리 돌아다니고 있다. 또한 매우 느려서 하루에 100m 이상의 이동이 힘들 정도다. 그동안 수많은 노력 끝에 드디어 화성의 많은 역사가 잠재되어 있는 인데버 분화구까지 오게 되었다.

두 탐사선의 탐사 덕분에 화성이 한때 물로 덮여 있었을 것이라는 주장을 심사 숙고하게 되었지만 화성 초기의 바다는 생물 친화적인 곳은 아니었을지도 모른다. 스피릿호의 조사 결과에 따르면, 화성의 물은 산성을 띠고 있었을 가능성도 있다.

'롱혼'이라는 별칭으로 불리는 암석 노두. 뒤에는 구세프 분화구의 평원이 보인다. 스피릿호는 파노라믹 카메라로 이 사진을 촬영했다.

스피릿호에서 바라본 웨스트 밸리.

화성 탐사선 오퍼튜니티호에서 바라본 빅토리아 분화구의 덕 베이. 앞쪽은 태양판이다.

# 화성의 물을 찾아서

좋은 여행에는 흥미로운 행선지가 포함되어야 한다. 그런 의미에서 뉴턴 분화구는 화성 방문객들이라면 반드시 거쳐야 할 관광 명소로 자리 잡을 것 같다. 왜냐하면 이 분화구는 화성 표면에서 물이 흐르는 것을 볼 수 있는 유일한 장소일지도 모르기 때문이다. 2011년 8월, NASA 연구팀은 화성에 소금기를 띤 액체가 여전히 흐를 것이라는 주장에 대한 증거자료를 공개했다. MRO의 HiRISE 카메라로 촬영한 화성 남반구의 여러 지역 중에는 뉴턴 분화구도 포함되어 있었다. 사진의 어두운 부분은 기술적 용어로 RSL(Recurring Slope Lineae)이라고 부르는데, 너비가 1.5~5m 사이이며 날씨가 따뜻할 때 25.4도의 상대적으로 높은 경사에서 발견된다.

중요한 것은 HiRISE*의 반복 영상에서 여름에 나타났다가 겨울에 사라지는 유체 무늬가 발견되었다는 점이다. 이 무늬는 기반암에서부터 시작되며, 작은 수로들과 연결되어 수백 개가 형성되어 남반구의 봄과 여름 무렵 위도 48~32도 사이에 적도 쪽을 향하는 경사면에서 발견된다. 이러한 현상은 화성 표면 부근의 액체 형태의 소금물을 통해 설명될 수 있으나, 수원에 대해서는 아직 정확하게 밝혀지지 않았다. 염분은 물의 어는점을 낮춰주는 역할을 하며, 최소한 화성의 여름 동안에는 지구의 바다 정도의 염분을 포함한 소금물이 존재할 것으로 나타났다.

이러한 관찰 결과가 화성에 소금물이 흐른다는 것을 확증해주는 것은 아니지만 이 같은 관찰 결과는 화성 표면에 물이 흐를 가능성을 높여주며, 결과적으로 화성에 생명이 존재할 가능성도 커졌다고 볼 수 있다. 물론 화성의 여름 짧은 기간 동안 미생물이 존재할 가능성이 언급되기도 했으나, 이 같은 연구 결과로 섣불리 단정 짓는 일은 피해야 한다. 그러나 어찌 되었든 지금은 화성에 여전히 습한 토양이 존재하리라는 기대감만으로도 충분한 듯싶다.

봄과 여름에 뉴턴 분화구 내부에 나타나는 유체 무늬.

뉴턴 분화구의 경사를 따라 내려오는 어두운 무늬는 유체의 흐름으로 설명될 수 있다.

또 하나의 뉴턴 분화구 안쪽 사진. 강 유역처럼 보이는 지형이 여전히 남아 있다.

* High Resolution Imaging Science Experiment

# 에로스

니어 슈메이커호에서 본 소행성 433 에로스.

적외선으로 본 433 에로스. 여기서 색깔은 밀도를 의미하며, 붉은색이 더 밀도가 높다.

이제 화성을 떠나 태양계의 좀 더 먼 쪽을 향해 이동해야 할 때다. 우리는 곧 화성과 목성 사이에 위치한 소행성대를 지나게 될 것이다. 이곳은 소행성부터 해변의 조약돌 크기까지 수십만 개의 작은 천체들이 머무는 지역이다.

대부분의 작은 천체들이 주소행성대라고 부르는 지역에 안전하게 머무른다. 태양계 천체 방랑자들의 거주지라고 할 수 있는 이 지역은 우리가 화성을 벗어난 시점부터 이미 접해 있다. 이 천체 방랑자들 중에는 감자 모양의 소행성 에로스 Eros가 존재한다. 이 소행성의 궤도는 특이하게도 화성 궤도 내를 가로지를 뿐만 아니라 지구에 2400만 km까지 접근한다. 크기는 너비 14.4km, 길이 32km에 불과하지만, 지구와 충돌할 경우 엄청난 재앙을 불러일으킬 수 있다. 그러나 다행히도 그럴 여지는 없다.

에로스에 접근해보니, 여러 개의 분화구와 구덩이들, 언덕, 산등성 등이 눈에 들어온다. 이 소행성에서 커다란 산을 기대하기에는 너무 작다. 천체의 크기가 작으면 그만큼 주요 자연경관들이 빠지게 되는 셈이다. 에로스의 가장 높은 지역과 낮은 지역의 차이는 고작 2km밖에 되지 않는다. 히메로스(고대 그리스의 연애와 결혼의 신의 이름을 따서 붙임)라고 불리는 말안장 모양의 지형에는 2000년에 불시착했던 니어 슈메이커NEAR Shoemaker호가 보인다. 니어 슈메이커호가 한때 보았던 것처럼, 우리 또한 놀라울 정도로 특색이 없는 이 소행성 표면에 살짝 얼이 빠진 상태다.

에로스의 특이한 궤도로 미루어볼 때, 에로스는 한때 더 큰 천체의 일부였을 것으로 추측된다. 에로스의 긴 산등성이는 더 큰 천체에 부러졌던 흔적으로 보인다. 아마도 무언가와 충돌하여 본체에서 떨어져 나갔을 것이며, 그로 인해 에로스의 궤도 역시 태양계 내부로 향하면서 오늘날과 같이 특이한 궤도를 가지게 된 것이 아닌가 싶다.

당시 충돌은 에로스뿐만 아니라 더 많은 행성에 영향을 끼쳤던 것으로 보인다. 주소행성대 내부에는 에로스와 비슷한 구성 물질로 이루어진 많은 소행성들이 존재한다. 이들 또한 같은 천체에서 유래했을 가능성이 높다. 소행성들은 참으로 놀라운 비밀들을 가지고 있다. 이제 베스타를 향해 가보자.

# 가장 밝은 소행성

베스타$^{Vesta}$는 모든 소행성 중에서 가장 밝다. 그 때문에 이미 이곳에 지구의 우주선이 다녀간 사실은 그리 놀랍지 않다. 프톨레미호 또한 이곳에 잠시 머무를 것이다. NASA의 소행성 탐사선 여명호$^{Dawn\ Spacecraft}$는 이곳에서 약 1년을 머무르며 베스타의 지도를 구축했다. 비록 소행성이긴 하지만 길이가 530km나 되며 여느 행성 못지않게 흥미로움을 선사하는 곳이기 때문이었다. 그렇다고 베스타가 환경이 쾌적한 곳이라는 의미는 아니다. 이곳의 표면 온도는 섭씨 −20℃에서 −100℃까지 변하고, 대기를 붙잡아두기에는 너무 작은 곳이다.

베스타는 격동의 시기를 겪어왔다. 10억 년 전쯤에 있었던 충돌로 전체 질량의 1%를 잃어버렸고 남반구에 지름이 466km나 되는 거대한 분화구와 그 여파로 돌출부도 생겼다.

당시 충돌로 인해 많은 물질들이 빠져나갔다. 지구에 온 HED(Howardite-Eucrite-Diogenite)라고 불리는 운석의 근원지 또한 베스타로 밝혀졌다. 이러한 운석을 다루는 일은 실제로 베스타의 일부를 다루는 것과 같다. 그렇다면 베스타가 겪었던 충돌로 발생한 다른 잔재들 또한 식별 가능할까? 물론 그렇다. 한 예로 소행성 192 콜라스 또한 베스타의 지표면에서 떨어져 나온 천체 중 하나다.

소행성대는 순수하게 소행성의 집단이라기보다는 행성이 되지 못한 잔재들이 남아 있는 곳으로 생각하는 편이 좋다. 베스타는 지구형 행성처럼 금속, 즉 니켈−철로 된 핵과 암석으로 된 맨틀을 가지고 있다. 아마도 먼 옛날에는 암석으로 된 맨틀과 분리된 액체로 된 핵이 존재했을 것으로도 추측할 수 있다.

내부의 열은 알루미늄−26과 철−60으로 인해 생겨났을 것이다. 이 두 원소는 초신성 폭발이 일어날 즈음에 형성되는 방사능원소. 초신성 폭발이란 별의 생애 마지막에 일어나는 격렬한 폭발로, 우리 태양계 또한 이 폭발로 탄생했을 것이다. 이 방사성동위원소들은 베스타를 녹이기에 충분한 열을 제공했을 것이다. 이들이 붕괴를 시작한 이후, 소행성이 식고 굳어져 오늘날과 같은 상태가 되었을 것이다.

베스타 남쪽의 커다란 분화구가 특히 눈길이 간다. 분화구의 너비는 베스타 지름의 80%나 될 정도이고, 분화구 바닥은 표면보다 13km나 낮으며, 분화구 테두리는 표면보다 12km나 높다. 오퍼튜니티호가 화성을 탐사할 당시, 이 분화구를 통해 베스타 내부 깊숙한 곳의 물질을 검사할 기회가 생겼다. 이 경우 분화구는 표면 지각을 몇 겹이나 뚫고 내려와 맨틀까지 다다를 가능성이 있었기 때문이다. 우리의 베스타 여행은 태양계 어느 곳과도 색다른 세계를 보여주었다.

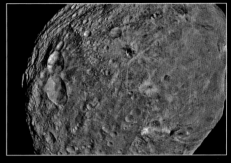

여명호에서 본 베스타 분화구 표면.

'눈사람'이라고 이름 붙인 베스타 북반구의 세 개의 분화구.

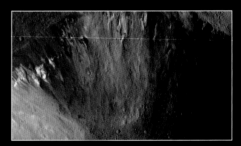

여명호에서 본 베스타 내부.

# 가장 큰 소행성

허블 우주망원경으로 본 세레스. 세레스는 종종 '태아 행성(embryonic planet)'으로 불린다. 수십억 년 전 목성의 중력 섭동은 세레스가 행성으로 자라는 것을 방해했다. 결국 세레스는 화성과 목성 사이의 주소행성대에 행성 잔재로 남게 되었다.

주소행성대에서 가장 큰 천체인 세레스<sup>Ceres</sup>는 현재 국제천문학연맹(IAU)에서 왜소 행성으로 지정했다. 그러나 세레스가 왜소 행성으로 지정되었을지라도, 세레스의 지름은 970km 정도로 달과 비교해도 매우 작다. 세레스의 공전주기는 4.6년이며, 주소행성대의 3/4 정도의 다른 소행성들과 비슷한 물질로 구성되어 있다. 세레스 역시 어두운 천체에 속하며, 표면은 분화구들로 덮여 있다.

적어도 소행성대에서는 세레스와 비교될 만한 크기의 천체는 존재하지 않는다. 소행성대의 행성들은 대부분 크기가 매우 작다. 사실 세레스는 소행성대 전체 질량의 1/3 이상을 차지할 정도다.

우리는 세레스의 구성 요소 대부분에 대해 아직 알지 못한다. 현재까지 세레스는 얼음으로 된 맨틀의 60~120km 아래에 암석으로 된 코어를 가지고 있을 것으로 추정하고 있다. 아마도 세레스의 맨틀은 얼음과 미네랄 등이 섞인 점토 형태로 구성되어 있을 것이다. 물론 온도는 매우 낮을 것이고, -40℃ 이상 올라가지 않을 것이다.

세레스는 한때 지각 아래에 바다가 있었을 수도 있으며, 작지만 여전히 일부가 남아 있을 가능성도 있다. 아마도 우리는 베스타에서부터 오고 있는 여명호와 제때 만날 수 있을 것 같다. 여명호는 2015년 이곳에 오기로 되어 있었으나, 정확한 도착 시점은 현재 알 수 없다. 탐사선이 화성과 같이 보다 큰 천체로 이동하게 되면, 주변 중력의 영향을 받아 움직이거나, 혹은 행성의 대기를 이용해 공력 제동 등과 같은 조종 기술을 사용한다. 불행히도 세레스에는 그 정도 크기의 중력이 존재하지 않기 때문에, 여명호는 소행성의 공전 속도에 맞춰 움직여야 한다.

세레스의 존재는 관찰되기 이전부터 예견되어왔다. 보데의 법칙에 따르면, 화성과 목성 사이에는 반드시 행성이 존재해야 했는데, 때마침 세레스가 발견되었던 것이다. 이후 무수한 소행성들이 발견되었으며, 자연스레 이 소행성들이 행성이 되지 못한 잔재들이라고 추측하게 되었다.

이제 베스타와 세레스 같은 큰 소행성들의 특색을 살펴볼 수 있어 위의 추측에 대한 근거들을 확보할 수 있게 되었다. 소행성대는 여러 개의 행성이 형성되는 과정이 중단되면서 남은 잔재들이 모인 곳이다. 아마도 이들이 행성이 되지 못한 이유는 태양계에서 가장 큰 행성인 목성 때문일 것이다. 목성으로 가기 전에 마지막으로 혜성과 마지막 소행성을 거쳐 가보겠다.

# 딥 임팩트

우리가 다음으로 방문할 곳은 템펠1<sup>Tempel 1</sup>이라고 불리는 혜성이다. 이 혜성의 근일점까지의 거리는 12.48광분이며 원일점까지는 39.1광분이다. 이 혜성을 자세히 들여다보면 표면에 인위적으로 만들어진 분화구가 보인다. 우리는 바로 이 것을 보기 위해 이 혜성에 온 것이다. 템펠1이 알려지게 된 것은 두 우주선이 이 곳을 방문했기 때문이며, 그중 한 번은 혜성의 표면에 임팩터를 발사했다.

이 주기혜성은 1867년 빌헬름 템펠이 처음 발견한 이래로 흥미로운 역사를 거쳐왔다. 당시 이 혜성의 주기는 5.5년이었다. 이후 1873년과 1879년에도 발견되었으며 1881년에는 목성에 근접했고, 이후 목성의 중력에 영향을 받아 주기가 6.5년으로 늘어났다.

처음에는 템펠1 또한 여느 태양 최접근 혜성들과 크게 다르지 않은 것처럼 보였다. 그러나 템펠1의 핵은 약 7.6×4.89km 정도로 측정되었는데, 태양 최접근 <sup>sungrazing</sup> 혜성치고는 꽤 큰 편이었다.

이후 딥 임팩트 우주선이 2005년 초에 템펠1을 방문했다. 딥 임팩트는 혜성에 가까워지자 구리로 된 370kg에 달하는 임팩터와 본체 우주선으로 나뉘었다. 혜성을 조준한 임팩터는 2005년 1월 12일에 혜성과 충돌했다(정확히 말하면 혜성의 경로로 임팩터를 발사했고, 혜성이 경로를 지나면서 임팩터를 들이받은 것이다. 그러나 너무 학문적인 내용은 다루지 않기로 하자). 임팩터가 혜성과 충돌하자 엄청난 먼지구름과 섬광이 일었다. 이 섬광의 원인은 충돌 자체뿐만 아니라, 충돌로 인해 온도가 섭씨 1000도까지 올라간 주변 물질들이었다. 이 충돌로 4000톤 이상의 얼음이 녹아내렸을 것으로 추정되었다.

본체 우주선은 충돌이 일어나고 몇 분 뒤 혜성에서 500km 정도 떨어진 지점을 지났다. 그러나 충돌로 일어난 먼지구름들 때문에 혜성에 생긴 분화구를 제대로 볼 수 없었다(본체 우주선의 주요 임무 중 하나가 혜성의 내부 구성 물질과 구조 등을 알아내는 것이었다). 하지만 이 실험은 성공적이었고, 충돌 이후 혜성의 사진을 관찰한 결과, 기대했던 것보다 얼음의 양이 적고 작은 알갱이들이 늘어난 것으로 보였다. 혜성 템펠1의 핵은 마치 가볍게 뭉쳐놓은 눈덩이같이 겨우 모양새를 갖추고 있는 것처럼 보였다.

이것이 실험의 끝은 아니었다. 이후 딥 임팩트는 템펠1을 떠나 다른 미션을 수행하러 떠났고, NASA는 또 하나의 우주선 임무를 재활용하기로 했다. 원래 소행성 5535 앤프랭크 탐사를 목적으로 했던 스타더스트 탐사선은 이후 와일드-2라고 불리는 혜성의 코마를 수집하여 지구로 보내는 임무도 수행했다. 2011년 스타더스트는 궤도를 수정하여 템펠1에 200km까지 접근했다.

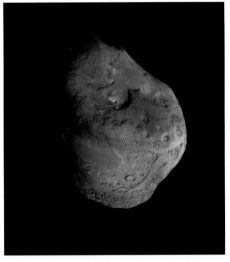

임팩터와 템펠1이 충돌한 직후를 촬영한 사진.

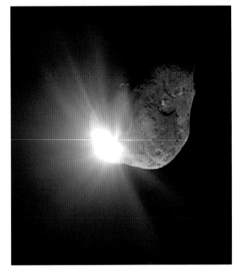

충돌 직전 딥 임팩트의 임팩터가 찍은 혜성 템펠1의 사진.

# 마지막 소행성

제임스 시먼즈(James Symonds)가 표현한 툴레에서 바라본 소행성대 모습.

소행성대를 떠나기 전에 마지막으로 들를 곳이 있다. 이곳은 그동안 어떤 우주선도 방문한 적이 없으며, 당분간은 그럴 계획도 없을 것이다. 비록 소행성 279 툴레<sup>Thule</sup>는 공식적으로 주소행성대에 포함되긴 하지만, 소행성대의 가장 끝단에 존재할 뿐만 아니라 여러 가지 흥미로운 사실을 가지고 있다.

소행성 279 툴레는 큰 소행성이다. 127km 정도의 지름에 자연 규산염으로 되어 있으며, 아마도 얼음 핵을 가지고 있을 것으로 보인다. 이 소행성은 매우 특이해서 일부는 이 소행성이 태양계 밖에서 온 것이라 주장하고 있다. 다른 한 편에서는 툴레가 명왕성 부근에서 유래한 것으로 보고 있다.

툴레가 어디에서 왔든 간에 현재 이 소행성의 궤도는 안정적이다. 툴레의 궤도 경사는 2.3도이고, 거의 원형에 가까우며, 공전주기는 8.84년이다. 툴레는 주소행성대에서 벗어나 있기 때문에 밤하늘에는 희미한 점 수준에 불과한 것으로 여겨졌다. 툴레는 목성이 태양의 주위를 세 바퀴 도는 동안 네 바퀴를 돈다.

대부분 비슷한 공전궤도를 갖는 소행성들은 같은 곳에서 발생한 것으로 간주된다. 주소행성대에서 가장 흔한 근원은 소행성 힐다이다. 그러나 툴레의 경우 비슷한 무리의 소행성들이 발견되지 않았다. 다시 말해 툴레는 여느 소행성들과 달리 '영광의 고립'<sup>*</sup>을 취하고 있는 상태다.

프톨레미 뒤편으로 태양을 바라보니, 한 예술가가 묘사한 태양계의 그림과 달리, 검은 하늘에 하나의 별과 이따금 반짝이는 행성들이 눈에 들어온다.

---

* 19세기 말 유럽 대륙의 내부 대립에 대한 영국이 취한 고립 정책 – 옮긴이.

# 위험한 거대 행성

　이제 우리가 탑승한 프톨레미호는 소행성대를 뒤로하고, 보다 먼 태양계로 이동하고 있다. 이곳은 이따금 들르는 혜성 외에는 방문객이 드문 한적한 지역이다. 비록 주소행성대만큼은 아니지만 수많은 소행성이 무리를 이루는 이 지역에는 직경이 1km 이상 되는 수백만 개의 천체가 존재하는 것으로 알려져 있다. 이 지역은 트로이 소행성군으로 알려져 있으며, 목성과 같은 궤도이지만 보다 빠르게 이동하고 있다. 이 중 가장 큰 것은 소행성 아킬레스와 파트로클로스인데, 지름이 약 160km에 달한다. 그 외에는 대부분 훨씬 작다.

　트로이 소행성군에서는 목성을 관찰하기에는 시야가 좋지 못하다(목성의 중력은 이 행성군에 큰 영향을 미친다). 오히려 지구에서 목성을 관찰하는 것이 더 나을 정도다. 일단 이곳을 뚫고 지나 목성의 대기권 부근에 도달하면 목성을 훨씬 더 자세히 관찰할 수 있을 것이다. 그러나 이 정도로 먼 거리임에도 불구하고 반드시 조심해야 한다. 목성은 그만큼 위험한 곳이다. 명심해야 할 것은 목성이 방사능 물질로 둘러싸여 있기 때문에 우주비행사가 노출될 경우 순식간에 목숨을 잃을 수 있다. 그러나 우리가 타고 있는 프톨레미호 안은 안전하다. 지구에도 이와 비슷한 밴앨런대라는 곳이 존재하지만 밴앨런대는 목성의 자기장에 비하면 그 영향력이 매우 미미하다.

　목성과 마주했을 때 가장 먼저 눈에 들어오는 것은 목성의 찌그러진 형상이다. 목성은 양극을 기준으로 확연하게 찌그러져 있다. 눈에 들어오는 목성의 표면은 기체로 되어 있으며, 매우 빠르게 회전하고 있어 평평하게 보일 뿐이다. 목성은 거대한 크기에도 불구하고, 자전주기가 10시간도 되지 않는다. 목성에 착륙할 만한 표면이 없다는 것은 조금 안타깝지만, 가스 구름 자체만으로도 매우 놀라운 광경을 연출한다.

1995년 혜성 슈메이커-레비 9은 목성 표면과 충돌했다. 허블 망원경이 포착한 충돌 지역의 사진.

왼쪽 아래　목성 북극에 나타난 오로라. (자홍색) 찬드라 망원경의 X선 데이터와 (파란색) 허블 망원경의 자외선 데이터를 관측 사진에 입힌 모습.

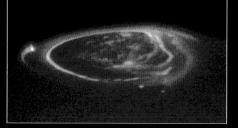

목성의 오로라. 목성의 자기장으로 일어난 전류 흐름에 의해 생성된다.

우리가 마지막으로 방문했던 가스 행성은 금성이었다. 그러나 목성의 운성은 특색 없던 하얀 구름의 금성과는 달리 매우 멋지다. 목성의 구름은 검붉은 띠를 형성하고 있으며, 계속해서 움직이고 있다.

목성에는 두 개의 커다란 띠가 존재하는데, 목성의 적도 부근을 중심으로 각각 위아래로 존재한다. 그리고 다른 띠들은 대칭을 이루듯 극지방까지 이어진다. 목성의 전체 구름 줄무늬 체계를 가리켜 페스툰스festoons라고 부른다. 다채로운 구름 색을 가지고 있으며, 갈색과 붉은색 띠가 크림색 띠와 줄무늬를 이룬다. 목성의 구름 색은 두꺼운 대기의 각층의 구름의 화학 구성 성분에 따라 다르게 나타난다. 그러나 구름 색을 나타내는 구성 물질이 무엇인지는 아직 알려지지 않았다. 목성 구름의 꼭대기는 영하 −150℃ 정도인데, 이 정도로 온도가 낮을 경우 화학 성분의 색이 선명하게 나타나기 힘들 것으로 생각된다.

그러나 목성의 대기 색의 원인이 무엇이든 간에, 상층 대기는 대부분 수소로 이루어져 있다. 수소는 가장 가벼운 기체로, 지구의 대기에서는 잡아둘 수 없다. 마치 달에서 대기를 잡아두는 것이 아예 불가능한 것처럼 말이다. 초기 목성은 태양계가 형성되던 시기에 충분한 기체를 모았을 것으로 보이며, 이를 기반으로 오늘날과 같은 크기로 성장했을 것이다. 목성의 대기 80% 정도는 수소이고 14% 정도는 헬륨이며, 이외에는 매우 소량의 물질들과, 거의 무시할 정도의 양의 물이 존재하는 것으로 알려져 있다. 그러나 목성에는 상당한 양의 황화수소와 에탄올, 암모니아가 존재하기 때문에, 꽤나 위험한 행성이며 악취도 심할 것으로 예측된다.

목성 양극의 구름은 어두운 색을 띠지만 반짝이는 불빛이 관찰된다. 바로 목성의 오로라 때문인데, 지구의 남극과 북극에서 보이는 오로라와 유사하다. 목성도 지구처럼 양극으로 자기장이 흐른다. 그러나 목성의 자기장은 태양계 내에서 가장 강력하며, 그로 인해 생성되는 오로라 또한 매우 아름답다.

목성의 오로라는 아름답기도 하지만 규모 면에서 보면 조금은 무서울 정도다. 주변에서 보이는 작은 점들은 거대한 폭풍으로 지구를 삼킬 수 있을 만큼 크다. 이를 이해하기 위해서는 가장 유명한 대적점을 방문해보는 편이 좋겠다.

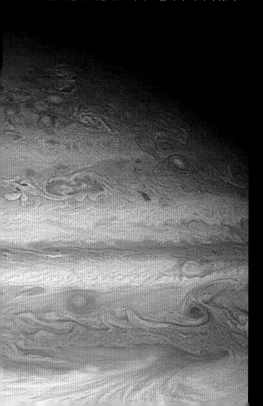

아래와 오른쪽 아래 카시니 우주선이 촬영한 목성. 오른쪽 아래는 목성의 위성 유로파의 그림자가 나타나 있다.

# 대적점

대적점(GRS)은 목성에서 가장 유명한 장소로, 최소 17세기 이후부터 목성 표면에서 관측되기 시작했다. 목성 남반구의 띠에 위치하며, 크기가 매우 커서 대적점 내에 두세 개의 지구를 담을 수 있을 정도다. 대적점의 엄청난 크기에도 불구하고, 두께는 40km 정도로 상대적으로 얇은 것으로 추정되고 있다. 현재 우리가 이곳에 접근함에 따라 흔하게 관측되는 벽돌과 같은 붉은색이 선명하게 드러나 보인다. 그러나 한때는 대적점에 색깔이 없던 때도 있었다고 한다.

대적점은 사실 그저 거대한 폭풍이고, 지구의 대기에서도 흔히 발견되는 고기압권이다. 그러나 목성의 대적점은 지구의 고기압권과 달리 산이나 어떤 지형물 등과도 관련이 없으며, 보통 구름보다 8km 정도 위에서 형성된다. 대적점 내에는 물질들이 매우 사납게 휘몰아치며, 풍속은 320km/h에 달한다. 그런데 이러한 현상은 폭풍 외곽에서 발견되며, 내부 중심은 바깥쪽보다 상대적으로 조용하고 온도도 낮다.

대적점에 관한 가장 놀라운 사실은 바로 수명이다. 대적점이 관측된 이후 대적점의 크기가 줄어들거나 한동안 사라지는 일도 있었다. 이는 아마 고도에서 일시적으로 생성되는 밝은 구름들 때문으로 생각되며, 이 구름이 사라지면 대적점은 다시 관찰되었다. 목성의 대기는 심하게 요동치지만, 이러한 현상도 언젠가는 완전히 사라지게 될지 모른다. 몇 년 전에 대적점이 소적점이라 불리는 폭풍과 충돌하여 합쳐지는 현상도 발생했다.

그렇다면 이러한 폭풍은 왜 생겨나는 것일까? 소적점은 백색 폭풍으로 시작되었다가 얼마 전에 적색으로 변했다. 최근에 발견된 오벌 BA^Oval BA 또한 소적점과 비슷하게 시작되어, 현재는 대적점의 반 정도 크기로 성장했다. 오벌 BA는 2005년 이후 붉은색으로 변화하기 시작했으며 색깔과 풍속 또한 점점 대적점에 견줄 만한 크기로 성장하고 있다. 목성의 구름은 자전축에서부터의 거리에 따라 다른 속도로 회전하기 때문에, 이 두 거대한 폭풍은 3년에 한 번꼴로 서로를 지나간다. 아마도 언젠가는 두 폭풍이 합쳐져 더 큰 폭풍을 형성할지도 모르는 일이다. 그러나 현재는 두 폭풍 모두 확연히 눈에 들어오며, 목성의 대기를 배경 삼아 춤을 추고 있는 듯 보인다.

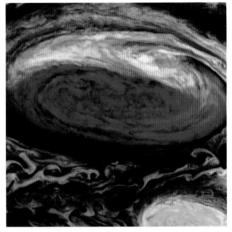

보이저 1호가 위색으로 촬영한 대적점.

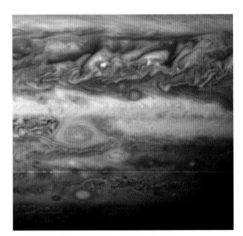

허블 망원경이 촬영한 오벌 BA의 모습.

오른쪽 보이저 1호가 1979년 촬영한 목성의 대적점.

# 얼음과 불의 세계

　　그동안 우리는 목성을 중심으로 주변 지역을 둘러보았다. 어마어마한 목성의 크기로 미루어볼 때 온 관심이 쏠리는 것은 당연한 듯싶다. 그러나 목성에서 시선을 떼어 주변을 둘러보면 목성 외에도 많은 것들이 존재함을 알 수 있다. 목성은 많은 위성과 작은 먼지 입자들로 구성된 세 개의 어두운 고리를 가지고 있다. 목성의 고리들은 관찰 조건이 최적일 때만 볼 수 있을 정도로 매우 어둡다.

　　목성 주위의 먼지들은 유성진과 목성의 내부 위성이 충돌하여 생성된다. 아드라스테아와 메티스가 주 고리를 이루고, 아말테아와 테베가 좀 더 희미하고 가느다란 고리를 이룬다. 이 작은 천체들도 나름 흥미로운 대상이긴 하지만, 목성은 60개가 넘는 이런 작은 위성을 가지고 있다. 그중에서도 17세기에 갈릴레오 갈릴레이가 발견한 네 개의 위성이 가장 널리 알려져 있다.

　　갈릴레이 위성 중 가장 목성과 가까운 것이 바로 이오$^{Io}$다. 이오를 살펴보면, 용암 분출이 끊임없이 일어나는 매우 활발한 곳임을 알 수 있다. 이오는 용암의 흐름이 끊이지 않으며 400개 이상의 화산이 존재한다. 이 중 로키 화산은 지구에서 망원경으로 볼 수 있을 만큼 크다. 물론 프톨레미호가 있는 현 지점에서 관찰하는 것이 훨씬 더 아름답지만 말이다. 로키 화산은 매우 활동적이어서, 우리는 화산재와 연기를 피해가며 이동해야 한다. 이오의 화산들은 유황을 내뿜기 때문에, 대기 중에는 이산화황이 형성되고, 표면에는 황산 서리가 내린다. 이러한 현상은 이오에 더할 수 없는 아름다움을 연출하는데, 굳이 표현하자면 다채로운 토핑을 얹은 피자와 유사하다고 볼 수 있다. 이는 태양계에선 꽤 특이한 현상이다.

　　이오는 차이가 매우 뚜렷한 곳이다. 일반적으로 표면 온도는 −140℃ 정도이지만, 화산 그중에서 필란 파테라는 무인 탐사정이 측정한 결과, 2000℃에 달하는 것으로 나타났다. 현재 우리가 탑승한 프톨레미호에서만 보아도 수십 개의 화산 분출과 간헐온천 그리고 이산화황 서리로 인해 생긴 흑반들이 눈에 들어온다. 이오의 표면은 눈으로 보면 무척 아름답지만, 실제로는 매우 위험한 곳이다. 특히 이오가 목성의 방사능대에 진입할 경우 더 위험하다.

　　화산활동은 천체가 생성될 때 내부에 남아 있던 열과 방사성붕괴로 생긴다. 그러나 이오 정도 크기의 천체라면 오래전에 이미 화산활동이 끝났어야 했다. 이오의 화산활동이 계속되는 이유는 이오의 특이한 공전궤도 때문이다. 목성 주위를 돌면서 생기는 중력 변화로 인해 내부가 끊임없이 움직이며 열을 받는데 이 중력 변화는 매우 커서, 이오의 특정 부분은 목성과 가장 가까울 때 약 100m 정도나 찌그러지기도 한다. 이러한 왜곡 현상으로 이오의 내부는 계속해서 열을 유지할 수 있게 된다. 이렇게 보면 이오는 매우 특이한 곳이다.

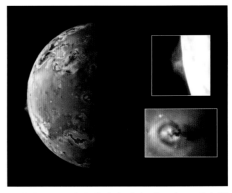

갈릴레오 우주선이 촬영한 위성 이오의 두 개의 황산 분출의 모습.

보이저 우주선이 촬영한 이오의 위색 사진. 이오의 화산 분출 일부를 보여주고 있다.

오른쪽 위　갈릴레오 우주선에서 본 이오의 전체 모습. 세 개의 사진은 각기 다른 위치를 담았다.

오른쪽 아래　이오의 표면에서 수많은 화산 분지와 용암류가 발견된다. 로키 파테라는 지속해서 활동 중인 용암호로 커다란 방패 모양의 검은색 부분에 위치한다.

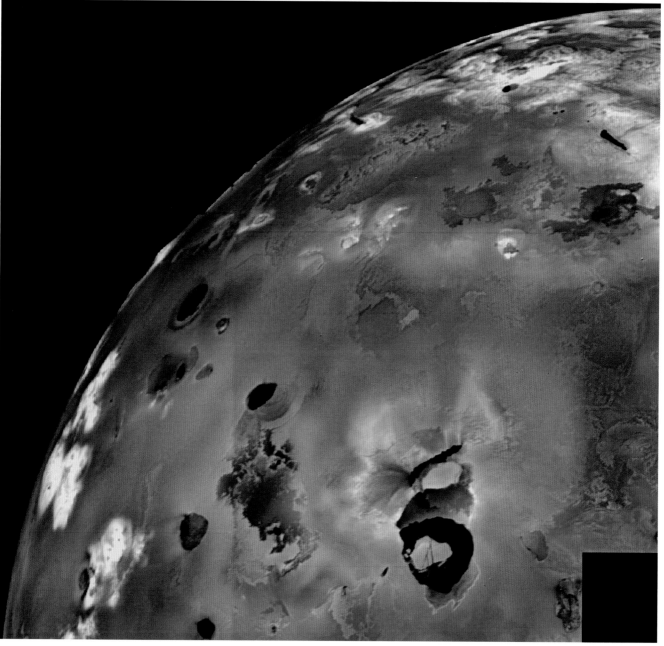

# 가장 매끄러운 세계

갈릴레이 위성 중 두 번째인 유로파<sup>Europa</sup>는 목성에서 충분히 멀리 떨어져 있기 때문에 이오와 같은 화산 격동은 겪지 않는다. 우리가 유로파에 다가갈수록 깨진 얼음과 같은 표면이 눈에 들어온다. 유로파에는 산과 깊은 협곡이 없으며, 화산이나 용암류도 보이지 않고, 분화구들도 매우 작다. 유로파는 태양계에서 가장 매끄러운 천체 중 하나로, 비유하자면 당구공과 비슷하다고 할 수 있다. 이제 유로파에 보다 가까이 다가가, 이 위성이 무엇으로 구성되어 있는지 살펴보자.

유로파 표면은 얼음으로 덮여 있지만, 마치 빙산 꼭대기를 닮은 얼음 블록으로 나뉜 듯한 느낌을 준다. 지구의 남극 빙하와 비슷한 형태라고 할 수 있다. 유로파의 얼음 표면 아래에는 지구처럼 바다가 존재할 것으로 추측되고 있다. 비록 유로파가 태양에서 멀리 떨어져 있어 매우 춥긴 하지만, 규산염으로 된 유로파의 핵이 발생하는 열 때문에 물이 액체 상태로 존재하는 것이 가능하리라 추측된다. 그러나 현재 유로파의 표면 아래 바다에 대해서는 추측만 가능할 뿐이다. 아마 언젠가는 유로파의 표면을 뚫고 천체 내부를 탐사할 수 있는 날이 오지 않을까 기대한다. 물론 유로파의 표면을 뚫는 일은 결코 쉽지 않을 것이다. 유로파 표면의 분화구 크기로 미루어볼 때 표면의 얼음 두께는 몇 km나 될지도 모른다. 물론 표면 두께가 얇은 곳도 분명 존재할 것으로 생각된다. 아마도 미래의 탐험가들은 유로파의 표면 두께가 그저 수백 m에 달하는 정도이기를 바랄 것이다.

그렇다면 유로파의 바다에는 생명이 존재할까? 현재로서는 알 수 없지만 최소한의 존재 가능성은 있을 것으로 생각된다. 지구의 해저 깊은 곳에는 열수공을 중심으로 햇빛을 받지 않고 살아가는 특정 생태계가 존재한다. 일부에서는 지구의 모든 생명체가 태초에는 이러한 환경에서 생겨났을 것이라고 주장하기도 한다. 만약 이와 같은 생태계가 지구에서도 생겨날 수 있었다면, 유로파 역시 가능하지 않을까? 아마도 훗날 유로파의 바다를 탐사하게 될 최초의 탐사정은 태양계에서 지구 외에 유일하게 생명이 존재하는 천체를 찾을지도 모른다.

유로파의 표면에서 가장 눈에 띄는 것은 특정 패턴 없이 사방에 그어져 있는 어두운 사선들이다. 이는 얼음이 녹아 표면에 분출되면서 남겨진 자국으로 보인다. 마치 지구의 지각이 움직이듯, 유로파의 얼음 표면도 움직이는 것처럼 보인다. 이런 복잡한 사선의 원인은 목성의 중력이 만들어내는 조류 현상 때문일 것이다.

아직 두 개의 갈릴레이 위성이 남아 있지만, 시간이 매우 촉박한 관계로 두 위성 주변을 빠르게 날아가면서 살펴보겠다. 위성 가니메데와 칼리스토는 얼음과 많은 분화구로 덮여 있다. 목성의 위성들 모두 매우 흥미롭지만, 유로파의 표면 아래 햇빛이 들지 않는 바다의 존재 여부는 그중에서도 단연 흥미로운 주제이다.

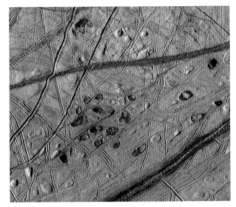

산등성이와 금이 간 표면으로 덮인 유로파 표면. 주변에 검고 빨간 점들도 보인다.

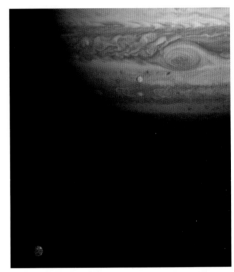

카시니 우주선이 촬영한 목성의 두 위성. 유로파는 목성의 대적점 부근에 빛나는 위성이며, 왼쪽 구석의 어두운 위성이 칼리스토이다.

갈릴레오 망원경으로 본 유로파의 모습.

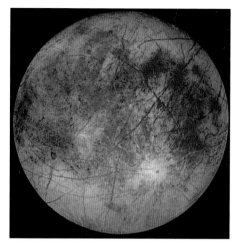

사선으로 덮인 유로파의 모습. 오른쪽 하단의 분화구 이름은 프윌고며, 어두운 지역은 높은 미네랄을 포함하는 지역이다.

허블 우주망원경의 근적외선으로 본 목성의 위성. 세 개의 검은 점은 각각 (왼쪽에서 오른쪽으로) 가니메데, 이오 그리고 칼리스토이다.

# 목적지는 토성

이제 우리는 목성을 떠나 다음 목적지인 토성으로 이동한다. 이미 이곳에서도 햇빛에 찬란하게 빛나는 토성의 고리가 눈에 들어온다. 물론 토성의 고리는 지구에서도 볼 수 있지만, 이곳에서는 망원경 없이도 감상할 수 있다. 우리는 앞으로도 수십억 km를 여행할 예정이며, 또 많은 신비로운 광경을 목격하게 되겠지만, 토성의 고리만큼 눈부신 장면은 아마 없을 것 같다.

작은 얼음덩어리들로 이루어진 토성의 고리는 조약돌 크기부터 집채만 것까지 다양하다. 현 지점에서 보면 마치 고체나 액체 덩어리처럼 보이는 토성의 고리지만 실제로 고체나 액체 덩어리였다면, 아마도 토성의 중력에 의해 순식간에 부서져 어쩌면 아예 존재하지도 못 했을 것이다. 토성을 향해 나아갈수록 토성의 고리가 좀 더 자세히 보인다. 토성의 고리는 토성의 적도를 지나며, 한쪽 끝에서 반대쪽 끝까지 27만 4000km나 되지만 두께는 1.6km가 채 되지 않는다.

토성의 고리는 사실 하나가 아니라 세 개의 주요 고리로 되어 있다. A고리와 B고리는 상대적으로 밝고, C고리는 반투명하다. A와 B 사이에는 약 4800km나 되는 틈이 존재하는데, 이를 카시니 간극이라 부른다. 그러나 이것은 기본 구조에 불과하고, 토성의 전체 고리 체계는 매우 복잡하다. 각 고리는 작은 간격을 두고 수십 개의 고리들로 이루어져 있다.

토성의 어둡고 상대적으로 빈 공간이 많은 고리는 토성의 위성들 때문에 생긴 것이다. 예를 들어 카시니 간극부터 행성까지의 거리는 〈스타 워즈〉에 나오는 죽음의 별을 꼭 닮은 토성의 위성 미마스까지의 거리에 정확히 절반이다. 만약 여러

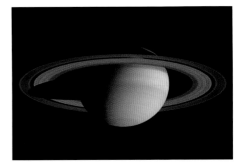

카시니 우주선이 촬영한 토성.

왼쪽 **카시니 우주선이 위색으로 촬영한 토성 고리.**

아래 **카시니가 담은 토성의 고리.**

D 고리    74,500 km           C 고리

92,000 km

고리 사이로 보이는 위성 레아(Rhea). 뒤쪽에는 위성 야누스가 보인다.

분이 카시니 간극 안쪽에 있는 한 입자를 타고 토성을 공전하고 있다면 여러분이 토성을 두 바퀴 도는 동안 미마스는 정확히 토성을 한 바퀴 돌게 될 것이라는 의미다. 즉 미마스의 중력 작용이 종종 토성과 같은 방향으로 작용하기 때문에, 다시 말해 두 천체가 공명하기 때문에 간극 내 입자들의 궤도가 불안정해지는 것이다. 이렇듯 미마스는 카시니 간극에 입자가 오랫동안 머물지 못하도록 영향을 미치며, 토성의 다른 위성들 역시 토성의 다른 고리 부분에 비슷한 작용을 한다.

토성의 정체성은 토성의 고리와 밀접한 관련이 있다. 우리가 아직 토성이라는 행성 얘기조차 시작하지 않았을 정도로 말이다. 그 때문에 토성의 고리가 없던 시절은 상상조차 하기 힘들다. 무수히 많은 얼음 입자들이 현재와 같은 토성의 고리를 이루는 과정은 분명 매우 섬세한 작업이었음에 틀림없다.

토성의 고리는 혜성과 같이 주변을 지나가는 천체들이 조각나면서 생겼을 것으로 보인다. 토성의 고리가 거의 얼음 조각으로 되어 있는 것으로 볼 때 고리의 주재료는 아마도 혜성이어야 할 것이다. 그러나 지난 수백 년간 토성 주변을 지나다 희생된 혜성의 수는 알 수 없다. 최근에는 토성의 고리가 태양계 초기에 생성되었을 것으로 보이는 증거가 늘어나는 추세다.

한 매력적인 이론은 토성의 위성 중 하나가 부서지면서 고리가 생겨났다고 주장한다. 아마도 오늘날 토성의 가장 큰 위성인 타이탄 정도 되는 크기의 위성 표면의 얼음층이 부서져 고리를 형성했을 것이고, 이는 토성의 고리를 이루는 얼음 조각들에 대해 설명할 수 있다. 그리고 나머지 조각들은 서로 뭉쳐서 토성 외곽의 위성이 되었을 것이라는 설이다. 아마 희생된 위성은 토성의 중력에 의해 빨려들어가 토성과 충돌했을 것으로 보인다. 토성의 고리는 오늘날과 비교했을 때 훨씬 거대했을 것이나, 점진적으로 물질들이 손실되면서 오늘날과 같은 형태로 줄어들었을 것이다. 그렇다면 앞으로 수십억 년 이후에는 모든 고리가 사라질지 모른다.

아래 (왼쪽) 카시니 위성의 위색으로 본 토성 (오른쪽) 보이저 호의 위색으로 본 토성의 고리.

맨 아래 왼쪽부터 오른쪽으로 토성의 고리 안쪽에서 바깥쪽을 보여주는 사진. 전체 너비는 약 6만 5700km에 이른다.

117,580 km   카시니 간극   122,200 km        A 고리        136,780 km        F 고리

# 토성의 바퀏살

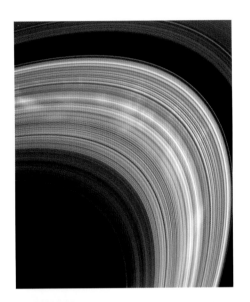

이제까지 우리는 대략 지구에서 보이는 수준 정도로 토성의 고리를 관찰했다. 이제 토성의 극지방을 향해 조금 올라가보면, 위에서 토성의 고리를 내려다볼 수 있다. 이곳에서 보면 복잡한 토성 고리 구조의 작은 부분까지 눈에 들어온다. 특히 고리 안쪽에서 바깥쪽으로 이어지는 어두운 색깔의 바퀏살이 보인다.

예전에 이곳을 지난 우주선들 또한 이 바퀏살을 보았을 것이다. 물론 토성의 바퀏살은 구분하기가 매우 어렵지만, 길이가 1만 km에 이를 정도로 작지 않은 크기다. 토성의 바퀏살은 시간이 지날 때마다 사라졌다 나타나기를 반복하며, 때론 매우 빠르게 사라질 수도 있다. 이 바퀏살은 전하에 의해 고리 표면 위로 떠오르는 작은 입자들로 구성되어 있다. 이는 마치 풍선을 빠르게 문지른 뒤 머리에 대면 머리카락 끝이 떠오르는 것과 같은 이치다. 그러나 무엇이 고리를 대전帶電시키는지는 아직 알려지지 않았다. 현재로선 유성진에 의한 충격이 아닐까 추측하고 있다. 토성의 바퀏살은 햇빛의 각도 등에 매우 민감해서 특정 시기에만 관찰할 수 있다.

이제 행성 토성을 향해 나아가보자.

전체 카시니가 촬영한 사진 중 토성의 고리에 나타나는 바퀏살을 담은 사진. 오른쪽 상단의 사진을 보면 토성의 고리에 길게 뻗은 그림자 같은 바퀏살이 눈에 들어온다.

# 가스 혹성

프톨레미호를 타고 토성에 접근해보니 토성의 대기는 구름 가득한 소용돌이 대기를 가진 목성과 달리 부드러운 오렌지색 표면과 몇 개의 어두운 띠만 눈에 들어온다. 그러나 겉보기에 조용한 듯한 토성의 대기 안에서는 많은 활동이 이루어지고 있다. 토성 내의 최대 풍속은 1800km/h로 기록될 정도로 태양계에서 가장 빠르다. 이렇게 빠른 토성의 풍속 때문에 토성의 하루 길이를 측정하는 것은 매우 어렵지만, 현재는 대략 10~13.5시간 정도로 추정하고 있다. 지구보다 760배나 큰 행성치고는 매우 빠른 속도다.

이제 프톨레미호의 적외선 모드를 켠 후 토성을 관찰해보자. 적외선으로 본 토성은 가시광선에서 보았을 때와 많이 다르다. 적외선은 우리의 시야를 가리는 토성의 대기 물질을 통과할 수 있으며, 토성을 목성만큼이나 역동적으로 보이게 한다. 가장 신비로운 특징은 바로 토성 북극 주변의 육방 구조다. 각 면의 길이가 1만 2875km에 달하는 이 육각형 모양은 발견 이래 UFO 연구자와 음모론자들의 주요 이슈가 되고 있다.

토성 북극의 육방 구조는 매우 이상해 보이지만, 인위적으로 만들어낸 것은 아니다. 물론 실험을 통해 이와 비슷한 구조를 만들어낸 적은 있다. 실린더 내의 물을 천천히 회전시키면(토성의 대기를 나타냄), 비슷한 구조가 실린더 위쪽에 나타난다. 이는 지구의 허리케인에서도 발견되는 현상이다.

그러나 토성의 흥미로운 점이 비단 적외선으로 관찰할 때만 나타나는 것은 아니다. 때때로 암모니아의 얼음 구름들로 형성되는 토성의 하얀 폭풍은 토성 표면을 지나면서 거대한 흔적을 남기기도 한다. 또 토성의 대기 상단에서 관찰되는 뇌우는 특히 태양이 토성의 대기를 자극하는 여름에 주로 발견된다. 이 번개는 뇌우 위에 뇌우가 쌓이면서 생겨나는데, 초당 10회의 번개가 내리칠 정도로 매우 강력하다. 번개 하나에 담긴 에너지는 행성 전체와 견줄 정도로 무시무시하다. 그 때문에 여기서 보기에는 토성의 번개가 장관을 연출하지만, 여러분이 구름 사이에 있었더라면 아마 아연실색했을 것이다.

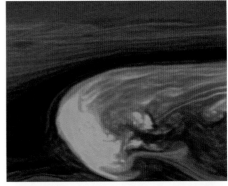

카시니 우주선의 근적외선으로 본 토성의 거대 폭풍 (위색)

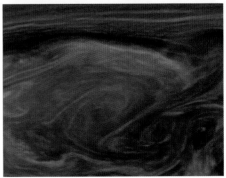

오른쪽 위 **토성의 극지방에 나타나는 오로라.** 허블 망원경이 자외선으로 촬영한 사진.

오른쪽 아래 **각기 다른 파장으로 본 토성의 사진.** (위에서부터 아래로) 자외선, 가시광선, 적외선.

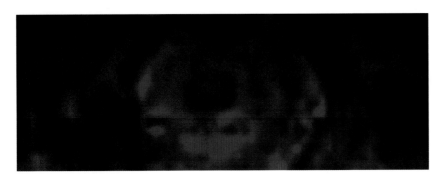

토성 북극의 야간 촬영 사진. 특이한 모양의 육방 구조가 토성의 북극 전체를 감싸고 있다.

# 흑과 백

토성 역시 많은 위성을 가지고 있으므로, 여러분이 원한다면 이곳만 선택해서 우주여행을 다녀올 수 있을 정도다. 물론 아쉽게도 우리는 아직도 가야 할 길이 멀기 때문에 토성의 위성 중 일부만 방문할 계획이다. 현재까지 확인된 토성의 위성은 62개로 거의 목성과 견줄 수 있을 규모다. 그런 까닭에 이번 우주여행에서 이 모두를 돌아보는 것은 시간적으로 불가능하다. 우선은 토성의 위성 중 바깥쪽에 위치한 이아페투스부터 방문해보겠다.

이아페투스의 첫인상은 흑과 백이었다. 표면 일부는 밝고 얼음으로 되어 있는 반면에, 다른 쪽은 매우 어두웠다. 프톨레미호에서 위성 이아페투스를 돌아보니 흑과 백의 대조가 매우 두드러져 보였다. 마치 얼룩말 문제에 부딪친 것 같았다. 얼룩말은 검은색 동물에 흰 줄무늬를 가지고 있는 것인가? 아니면 하얀 동물에 검은 줄무늬를 가지고 있는 것인가? 우리는 이아페투스의 밀도가 매우 낮기 때문에 많은 양의 얼음을 보유하고 있을 것으로 보고 있다. 만약 얼음이 이아페투스의 기본 구성물이라면, 어두운 부분의 물질은 주변 지역에서 옮겨왔을 수 있다.

우리가 추측하건대 아마도 검은 물질은 원래 토성의 바깥쪽 위성 중 가장 큰 위성인 포에베Phoebe에서 온 것이 아닐까 싶다. 사실 위성 포에베를 자세히 살펴보면 매우 얇은 고리를 가지고 있다. 이로 미루어볼 때 포에베 고리의 물질 중 일부가 어떤 방법을 통해 이아페투스로 옮겨갔을 수 있다. 사실 많은 양이 옮겨갈 필요도 없다. 일부 먼지들이 옮겨가서 이후에 햇빛을 흡수하게 되면 얼음을 변질시켜 오늘날과 같은 흑과 백의 대조를 만들어낼 수 있는 것이다.

계속해서 이아페투스를 돌아보니 적도 부근의 산등성이가 눈에 들어온다. 이 산등성이의 너비는 약 20km에 높이는 13km, 길이는 1290km 정도 된다. 이와 같은 규모의 능선은 작은 위성에서는 찾아보기 힘들다. 비교하자면 이아페투스의 적도 부근에 위치한 산맥은 지구의 에베레스트 산보다 높고, 화성의 올림푸스몬스 화산과도 견줄 수 있을 정도다. 이 산맥의 기원은 아직 알려지지 않았으며, 물론 위성 이아페투스에 대해서도 모르는 것이 너무 많다.

위와 아래 이 적외선 사진을 본 결과, 암흑 물질은 탄소를 포함하고 있을 수 있다. 카시니 우주선이 찍은 이 사진에는 직경 450km에 달하는 거대한 분화구의 모습도 보인다.

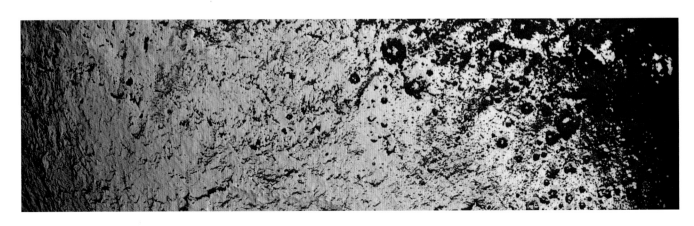

# 외계 호수

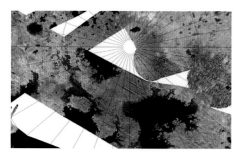

카시니호가 위색으로 촬영한 타이탄의 북극 지방. 액체로 된 탄화수소 호수는 검은색과 푸른색, 고체 표면으로 보이는 지역은 갈색으로 표시되어 있다.

카시니호에서 토성 고리 뒤편에 위치한 위성 디오네.

카시니호가 촬영한 복합 지질 표면. 표면은 얼음과 탄화수소로 이루어진 것으로 보인다. 추가 사진을 통해 메탄 호수의 존재를 확인할 수 있었다.

이제 토성을 향해 안쪽으로 접근해보니 다른 위성들도 눈에 들어온다. 그중 하나는 위성 히페리온으로 작고 불규칙한 외관을 가지고 있다. 그러나 다른 위성들은 보다 규모가 있다. 위성 레아, 디오네, 테티스는 각각 지름이 800km에 달하고, 표면이 얼음과 분화구로 덮여 있다. 이들 위성 중에서도 가장 규모가 큰 타이탄의 경우 질량은 수성보다 작지만 크기만큼은 수성보다 크다. 이는 위성치곤 보기 드문 현상이다. 그럼 이제 내려가서 타이탄을 직접 살펴보자.

타이탄은 여느 위성들과는 달리 상당한 양의 대기를 보유하고 있다. 질소와 두꺼운 메탄 구름으로 이루어진 타이탄의 대기는 효과적으로 표면을 가릴 수 있을 정도로 매우 짙다. 메탄 구름 아래에는 무엇이든 숨을 수 있으며, 넓은 규모의 바다가 존재하는 듯하다. 물론 이 바다는 물이 아닌 액체 메탄과 탄화수소로 되어 있다.

인류는 20세기와 21세기에 걸쳐 무인 우주선을 이 부근으로 보냈다. 그중 하나가 카시니 우주선으로 호이겐스$^{Huygens}$라는 작은 탐사정을 보유하고 있었다. 1655년 타이탄을 발견한 네덜란드의 천문학자 이름을 따서 붙여진 호이겐스 탐사정은 수륙양용을 목적으로 설계되었다. 이 탐사정은 타이탄의 두꺼운 대기를 뚫고 지면에 무사히 착륙한 후 평원과 낮은 언덕, 강바닥으로 보이는 듯한 사진을 촬영하여 선체로 데이터를 전송했다. 비록 표면에 널려 있는 얼음 자갈의 경우 좀 더 단단하긴 하지만, 토양의 결지성$^{consistence}$은 젖은 모래 정도로 나타났다(호이겐스는 착륙하면서 이 자갈을 부순 것으로 보인다).

타이탄의 남극 부근으로 내려가면 호수 같은 것이 눈에 들어온다. 프톨레미호를 타고 좀 더 가까이 다가가서 보면 호수라는 것이 확인된다. 그러나 물론 물은 아니다. 이 호수는 메탄과 에탄으로 구성되어 있다. 호수 깊이는 고작 몇 미터 정도로 수심이 상대적으로 얕지만, 타이탄의 다른 지역에서는 레이더파가 반향되지 않을 정도로 깊은 호수도 존재한다. 이런 호수는 수심이 최소 8m는 될 것이다.

타이탄은 일조량이 적고, 구름이 하늘 대부분을 가리기 때문에 화창한 날이 있을 수 없다. 하늘에서는 계속해서 메탄 비가 내리기 때문에 결코 친화적인 곳이라고 할 수도 없다. 물론 타이탄의 호수에서 낚시를 하는 것은 아무 의미도 없을 것이다. 그러므로 훗날 이곳을 방문할 계획인 여행객들이라면, 메탄 비는 대개 겨울에 내리고, 여름에는 호수가 마른다는 사실을 기억하기 바란다.

타이탄은 초기의 지구가 어떤 곳이었는지를 엿볼 수 있게 해준다는 점에서 매우 매력적인 곳이다. 물론 지구보다 훨씬 추운 곳임에는 분명하지만 비슷한 매개체들이 존재한다는 점에서는 유사하다. 복잡한 화학 유기체들이 모여서 보다 복잡한 구성으로 거듭나다 보면 언젠가는 생명의 초기 형태가 나타날지도 모른다.

# 엔셀라두스의 샘

엔셀라두스는 지름이 512km 정도로 타이탄보다 훨씬 작은 토성의 위성이다. 이 위성의 크기로 미루어볼 때 대기가 존재할 가능성은 매우 희박했다. 그 때문에 카시니 우주선이 이 위성의 대기를 발견한 것은 놀라운 일이었다. 비록 엔셀라두스의 대기층은 아주 얇지만 분명히 존재하고 있었다.

그런데 더 놀라운 사실이 이어졌다. 위성 엔셀라두스 표면의 남극 주위에서 '호랑이 줄무늬'라는 별칭이 붙은 특이한 자국이 발견되었다. 프톨레미호를 타고 좀 더 가까이에서 이 자국을 보자.

이 줄무늬는 그저 표면에 남겨진 자국이 아니다. 이것은 깊은 표면 균열이며, 균열 사이로 물을 뿜어낸다. 이곳에는 샘물이 실재하고, 우주로 뿜어내는 결정체는 약간의 질소, 메탄, 이산화탄소를 포함하지만 대부분 얼음 상태의 물로 되어 있다. 이런 물질들은 혜성에서는 흔히 발견되지만, 엔셀라두스는 혜성이 아니다. 또 태양계 먼 곳에 위치해 있어, 태양 주변을 지날 때 얼음 결정이 녹아내리는 혜성의 경우와도 확실히 다르다.

역광에서 카시니호가 촬영한 엔셀라두스의 이미지를 보정한 사진. 하단에 분수와 같이 무언가를 뿜어내는 모습이 보인다. 우리는 이러한 분출 현상이 표면 아래의 지하수가 압력을 받아 생긴 간헐온천 때문에 일어난다고 보고 있다.

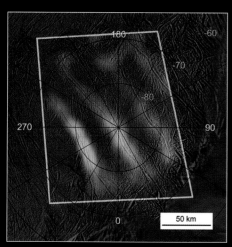

카시니가 찍은 엔셀라두스 표면의 '호랑이 줄무늬' 사진.

이로 미루어볼 때 엔셀라두스 내부에는 액체 상태의 물로 된 바다가 존재할 것으로 보인다. 아마도 내부의 열과 염분 등으로 물이 얼지 않고 액체 상태로 존재할 수 있었던 듯하다. 프톨레미호가 분출이 일어나는 지점으로 가까이 다가갈수록, 염분 농도가 높은 샘플이 채취되고 있다. 대부분의 염분은 분출되었다가 호랑이 줄무늬로 다시 떨어지지만, 얼음 결정은 토성 궤도로 빠져나가 E고리를 형성한다. 소금은 엔셀라두스의 상태를 파악하는 데 결정적인 단서를 제공한다. 가장 신빙성 있는 시나리오는 위성 내부의 물이 고체 핵과 맞닿아 발생하는 침식 현상으로 인해 소금이 생성된다는 것이다.

그럼에도 불구하고 이 시나리오는 엔셀라두스가 매우 작은 천체임을 고려할 때 현재로선 설득력이 높지 않다. 토성과 훨씬 가까운 미마스의 경우, 이오와 유로파에서 본 것처럼 토성의 중력에 의한 조력 현상으로 훨씬 많은 에너지를 받을 것으로 보이지만, 이곳은 거의 죽은 세계나 다름없을 정도로 척박하기 때문이다.

또 하나의 문제점은 엔셀라두스가 내뿜는 얼음 결정이 오랜 기간 지속되어왔을 것이라는 점이다. 그렇다면 어떻게 수백만 년간 지속될 수 있는 양의 물이 위성 내부에 존재할 수 있었던 것일까? 혹은 만약 엔셀라두스의 분수가 최근에 일어난 현상이라면, 이를 촉진시킨 계기는 무엇이었을까?

바로 코앞에서 보고 있는 엔셀라두스는 여전히 미스터리로 가득하다. 아마도 이곳은 태양계에서 가장 미스터리한 지역으로 남을 것 같다.

엔셀라두스의 여러 분출 현상을 담은 사진.

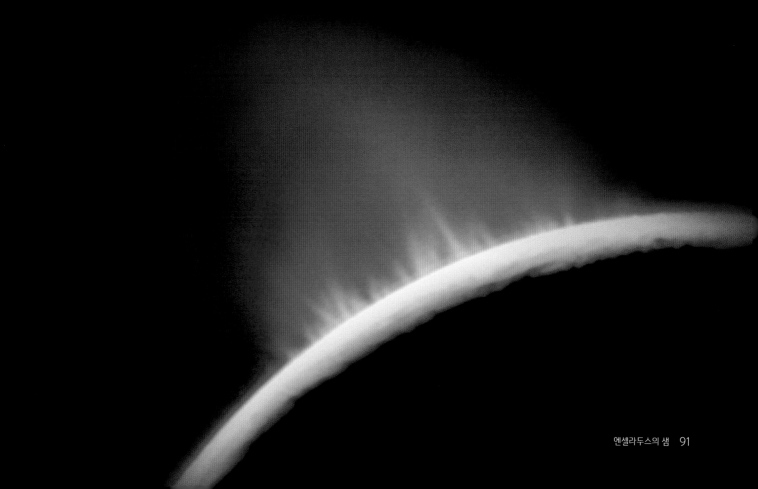

# 천왕성

이제 토성을 떠나 좀 더 먼 태양계로 향하자. 뒤를 돌아보면 태양이 아주 조그맣게 보인다. 이제는 태양까지 너무 멀어져 열기가 조금 느껴질 뿐이다. 현재 우리는 지구로부터 태양까지 거리의 20배나 먼 지점까지 도달했다. 프톨레미호를 타고 태양을 방문한 이후 28억 km를 이동해온 것이다. 복사에너지의 역제곱 법칙에 따르면, 우리는 지구가 받는 열의 1/400밖에 받지 못하고 있다. 다음 행선지인 녹색 가스 혹성 천왕성까지 가는 길에는 별다른 볼거리가 없다. 천왕성의 색은 대기 최상층 구름의 구성물에 의해 결정되며, 토성처럼 구름 아래 대부분이 가려져 있다. 천왕성은 지름이 4만 8000km이고, 목성이나 토성보다 작다.

천왕성의 공전주기는 84년이다. 또한 다른 가스 혹성들과 마찬가지로 자전주기는 17시간밖에 안 될 정도로 매우 빠르다. 그러나 특이하게도 자전 방향이 다른 행성들과는 반대다. 그 때문에 프톨레미호로 천왕성 표면을 둘러본다면, 해가 서쪽에서 뜨고 동쪽으로 지는 것을 확인할 수 있을 것이다.

천왕성의 특이한 점은 비단 자전 방향뿐이 아니다. 대부분 행성의 자전축은 기울어져 있어 일반적으로 행성에 계절이 나타난다. 그런데 천왕성은 자전축이 97도나 돌아가 있다. 어떻게 이런 현상이 생겼을까? 예전에는 행성이 다른 천체와 부딪치면서 자전축이 돌아갔을 것이라는 가설이 지지를 얻었지만, 이는 설득력이 부족했다. 현재는 천왕성이 다른 가스 혹성들과 상호작용을 하면서 점진적으로 자전 각이 틀어졌을 것이라는 가설이 지지를 얻고 있다. 천왕성의 특이한 회전 체계는 아마도 원시 태양계의 혼돈을 설명해주는 또 하나의 증거로 보인다.

이제 천왕성에 충분히 근접했음에도 불구하고 별다른 특징은 보이지 않는다. 일부 불분명한 점들과 띠와 줄무늬들이 보이긴 하지만 크게 눈에 띄는 것은 아니다. 천왕성은 다른 가스 혹성에 비해 매우 단조로운 것처럼 보인다. 그러나 우리는 프톨레미호를 타고 천왕성의 구름을 뚫고 내부로 들어가볼 것이다.

내부의 4/5지점에 도달하자, 얼음 핵이 눈에 들어오기 시작한다. 인정하건대, 대기의 엄청난 압력 때문에 얼음 핵은 유체 상태와 흡사했다. 그러나 천왕성의 내부 구조는 확실히 목성이나 토성과는 달랐다. 천왕성과 해왕성이 가스 혹성이 아니라 얼음 혹성으로 불리는 데는 나름의 이유가 있었던 듯하다.

다시 천왕성의 구름 밖으로 올라온다. 이곳으로 나와 보니 천왕성의 여러 위성들이 눈에 들어온다. 그중에서 가장 흥미로운 것은 아마 미란다일 것이다. 미란다는 다양한 표면과 분화구, 산맥과 협곡 등과 완만한 굴곡이 공존하는 흥미로운 위성이기 때문이다.

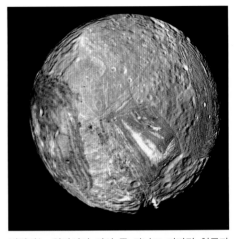

미란다는 천왕성의 위성 중 하나로 커다란 협곡과 단층 그리고 구 표면과 새로운 표면들이 섞인 다양한 지형이 모여 있다.

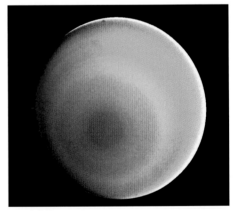

보이저 2호가 찍은 위색의 천왕성.

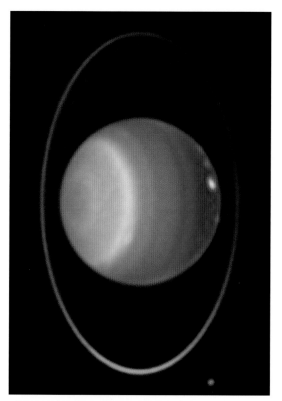

허블 우주망원경으로 촬영한 천왕성의 위성과 고리.

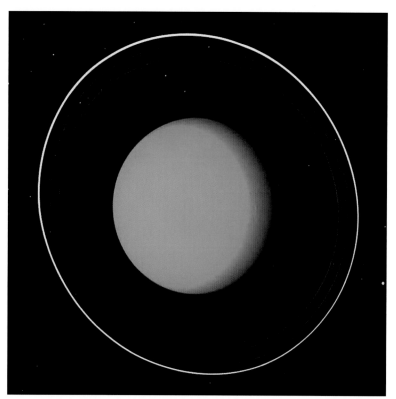

보이저 2호는 1986년에 18번째 천왕성의 위성을 발견했다. 이후 11개가 추가로 발견되었다.

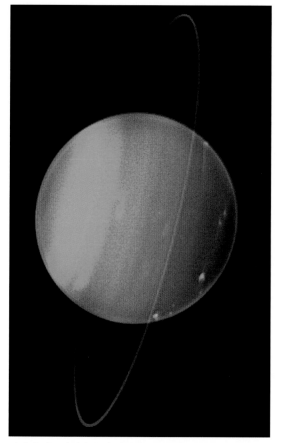

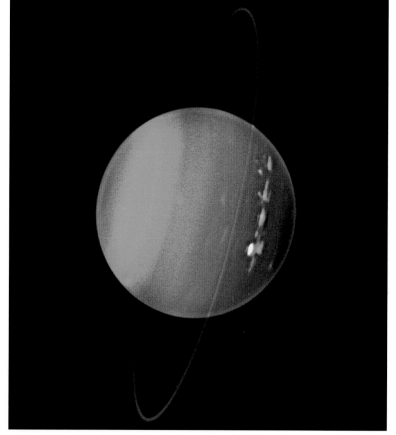

하와이 마우나케아의 켁 망원경으로 촬영한 천왕성 사진. 적외선의 파장은 천왕성 대기의 구름 패턴을 자세히 보여준다.

# 최외곽 혹성

우리는 다음 행성까지 또다시 먼 길을 이동해야 한다. 20세기의 우주선 보이저 2호는 해왕성에 도달하는 데 12년이 걸렸다. 그러나 최첨단식 프톨레미호를 타고 이동하면 눈 깜짝할 사이에 갈 수 있다. 다음 목적지인 해왕성은 태양으로부터 약 44억 9400만 km나 떨어져 있으며, 태양 주위를 공전하는 데 164년이 걸린다. 해왕성은 천왕성보다 조금 작지만, 훨씬 밀도가 높고 육중하다. 천왕성과 마찬가지로 얼음 혹성인 해왕성은 천왕성보다 거리는 멀지만 내부에 열을 저장해두고 있어 천왕성과 표면 온도가 엇비슷하다. 이곳 해왕성 부근에서 보면 태양이 매우 밝게 빛나는 점처럼 아주 작게 보인다.

아직까지 조금 거리가 남아 있지만, 이곳에서 보아도 해왕성이 천왕성보다 활동적인 행성임을 알 수 있다. 해왕성은 파란색을 띠고, 구름과 얼룩들이 확연히 눈에 들어온다. 천왕성과 해왕성은 같은 부류의 얼음 혹성으로 쌍둥이 행성이라 불리기도 하지만, 지구와 금성 정도와의 관계 이상은 아니며, 해왕성의 자전축은 천왕성만큼 기울어져 있지도 않다.

보이저 2호가 보내온 사진을 보면, 해왕성 표면에는 거대한 어두운 점이 존재하는 것으로 보인다. 이를 대암점이라고 부르는데, 오랫동안 지속될 것으로 예견되었으나 현재는 아무런 흔적도 보이지 않는다. 이곳저곳에 작은 점들이 보이지만 대암점은 완전히 사라진 것으로 미루어볼 때 해왕성의 환경이 급변하고 있음을 알 수 있다.

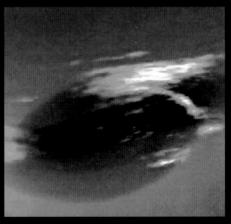

1989년에 보이저 2호가 근접 촬영한 대암점. 어두운 부분과 하얀 권운의 소용돌이 구조로 미루어볼 때 소용돌이는 시계 반대 방향으로 회전하고 있음을 알 수 있다.

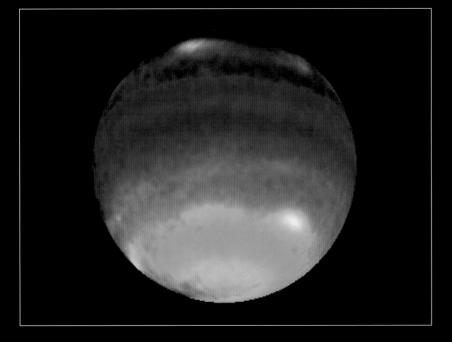

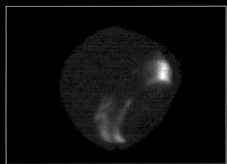

켁 망원경의 근적외선으로 보면 가시광선으로 볼 때보다 구름이 훨씬 환하게 보인다.

허블 망원경의 촬영 사진으로 볼 때, 해왕성에서 가장 눈에 띄는 것은 푸른색이다. 이 푸른색은 대기 중의 메탄가스로 인해 생겨난 것이다. 해왕성의 구름은 하얀색을 띠고, 대기가 푸른빛을 흡수하는 지점에는 초록색 띠가 나타난다.

보이저 2호가 촬영한 사진으로, 대암점과 주변의 흰 얼룩이 눈에 들어온다. 서쪽에서 빠르게 움직이는 것처럼 보이는 지형은 스쿠터와 소암점이라고 부른다.

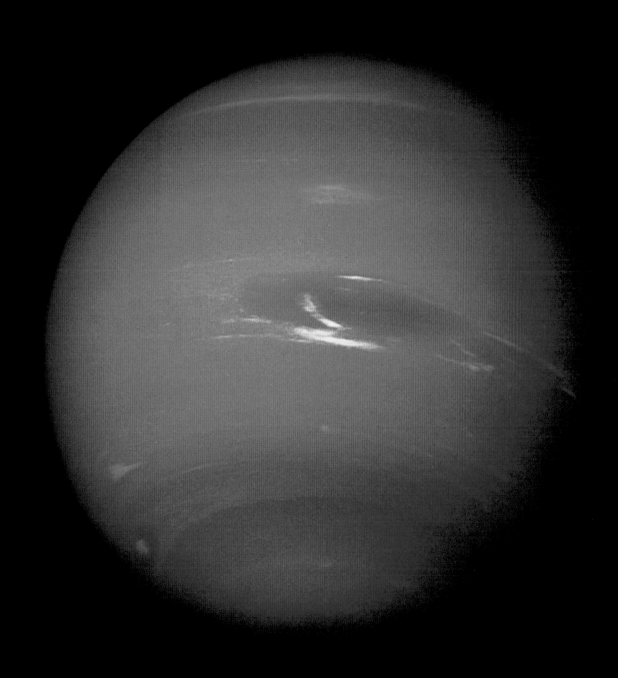

# 트리톤

  해왕성의 가장 큰 위성인 트리톤<sup>Triton</sup>은 해왕성만큼이나 흥미로운 곳이다. 트리톤은 해왕성 주변을 역행하며, 태초부터 해왕성의 위성이 아니라 해왕성의 중력에 걸린 천체로 여겨진다. 이곳에서는 얼음 화산활동의 흔적이 보이고, 표면은 얼음과 질소가 혼합된 얼음 물질들로 덮여 있다. 물론 트리톤에서 얼음이 확인된 것은 아니지만, 수소와 메탄 얼음만으로는 표면 양각을 유지하기 어렵다는 사실로 미루어볼 때, 얼음 상태의 물이 분명 존재할 것으로 보인다. 트리톤에는 산이나 깊은 협곡이 존재하지 않으며, 일반적인 분화구조차 흔치 않다. 보이저호의 사진에 따르면, 남극의 극관에는 분홍색 질소로 된 눈과 얼음이 존재하는 것으로 나타났다.

  또한 트리톤에는 예상외로 간헐온천도 존재하는 것으로 보인다. 간헐온천은 트리톤 표면 20~30m 아래에 액체 상태의 질소로 이루어진 듯하다. 이곳의 압력은 질소가 액체 상태로 존재할 만큼 높지만, 만약 어떤 상황이든 간에 질소가 표면으로 올라온다면 폭발할 위험이 있다.

보이저 2호(1989년)는 트리톤을 지난 유일한 우주선으로, 트리톤에서 얇은 대기층과 얼음 화산의 흔적을 찾았다.

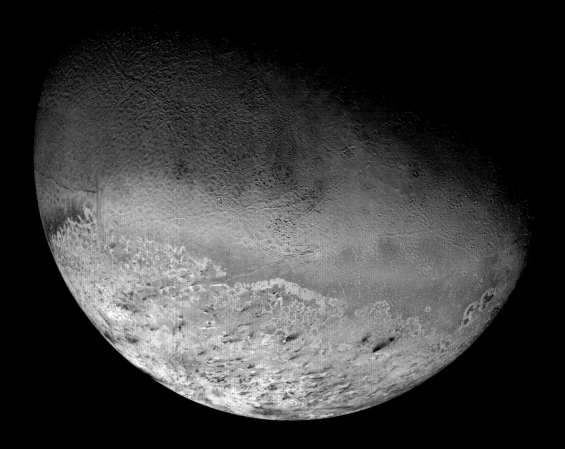

# 명왕성

2015년 명왕성에 도착한 뉴 호라이존 탐사정의 상상도.

태양계의 가장 바깥쪽인 카이퍼 벨트Kuiper belt는 행성이 되지 못한 수많은 천체들로 구성되어 있다. 그중 하나가 바로 명왕성이다. 수성보다 작은 이 왜소 행성은 카이퍼 벨트의 다른 천체들이 발견되기 60여 년 전에 발견되었으며, 한때 9번째 행성으로 구분되었다. 그러나 2006년 국제천문학연맹(IAU)은 명왕성을 행성에서 왜소 행성으로 강등했다. 명왕성은 카이퍼 벨트 천체(KBO) 중 하나로 이 지역에서 가장 큰 행성도 아닐뿐더러, 가장 흥미로운 행성도 아니었기 때문이다. 그러나 지난 76년간 태양계의 9번째 행성으로 불렸던 사실을 기려 우리는 이곳을 방문하기로 결정했다. 우리 비행사들 중 PM은 명왕성을 발견한 클라이드 톰보와도 꽤 잘 알고 지내던 사이였다. 명왕성은 2015년 KBO 중 최초로 우주선(뉴 호라이존호)이 방문한 곳이 되었지만, 그 외에는 별다른 특이점이 없는 천체다.

허블 망원경으로 본 명왕성과 명왕성의 위성 카론. 2015년 7월 14일 뉴 호라이존호가 촬영했다.

# 세드나

카이퍼 벨트 천체(KBO) 중 가장 특이한 천체는 아마 세드나일 것이다. 세드나는 지구로부터 태양까지 거리의 90배나 멀리 떨어진 천체이며, 알려진 천체 중에서 가장 특이한 공전궤도를 가지고 있다. 근일점을 향해 안쪽으로 이동 중인 세드나는 2076년에 근일점에 도달할 것으로 보인다.

세드나는 태양을 향해 안쪽으로 움직이고 있지만, 여전히 태양에서 멀리 떨어진 천체이며, 이곳에서 태양의 밝기는 지구에서 달의 밝기 대비 고작 100배 정도밖에 되지 않는다. 세드나가 근일점을 지나면, 이후 원일점을 향해 약 5000년 이상을 타원형 궤도를 따라 이동하게 된다.

세드나의 공전궤도는 매우 특이해서, 천문학자들은 이 천체가 어떻게 이곳에 존재할 수 있었는지를 이해하는 데 어려움을 겪고 있다. 아마 태양계가 생성될 초창기에 주변 별의 이동에 따라 경로가 바뀐 것이 아닐까 추측 중이다.

세드나가 어떻게 형성되었든 간에 매우 황량한 곳임에는 분명하다. 세드나의 표면은 탄화수소와 메탄의 얼음 혼합으로 덮여 있다. 이 물질들 중 일부는 매우 적은 양의 햇빛과 반응하여 '톨린$^{tholin}$'이라고 불리는 화학물질을 형성한다. 일반적으로 어두워진 얼음 결정은 지속적인 충격에 의해 출렁이게 마련이지만, 세드나의 공전궤도는 대부분 한적하기 때문에 충격 받을 일이 매우 드물다. 이러한 고립 현상으로 세드나를 발견하는 일은 매우 어려웠다. 태양계 바깥쪽에는 세드나와 유사한 천체가 40여 개 정도 더 존재할 것으로 보인다. 그러므로 우리가 세드나를 방문한 것은 꽤 의미 있는 일이라고 할 수 있다.

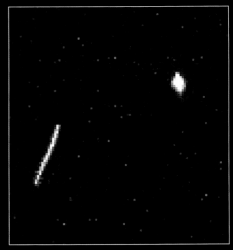

허블 우주망원경이 보내온 세드나의 촬영 사진 35장 중 하나.

세드나의 상상도.

# 방랑자와의 만남

1957년에 발견된 혜성 아렌드 롤란드는 특이한 '반대 꼬리'를 가지고 있었다.

이제 우리는 카이퍼 벨트를 넘어서 이동하고 있다. 제일 먼저 눈에 들어오는 것은 태양계에서 영원히 추방된 특이한 혜성이다. 우주의 방랑자라고 할 수 있는 이 혜성이 여행을 마치는 곳은 어디가 될지 알 수 없다.

혜성 아렌드 롤란드<sup>Arend-Roland</sup>는 우주여행이 공상과학소설에 불과하던 1957년에 발견되었다. 처음 발견한 벨기에의 천문학자 아렌드와 롤란드의 이름을 따서 아렌드 롤란드로 불리게 되었다. 이 혜성은 대부분의 별들보다 빛나고 꼬리도 매우 길어 밤하늘에서 두드러지게 눈에 들어와 몇 주 동안 눈으로 확인이 가능했고, 그 후 약 1~2년 동안 망원경 관측도 가능했지만 이후에는 완전히 시야에서 사라졌다.

아렌드 롤란드 혜성이 태양에서 점차 멀어지면서 차갑게 식자, 얼음 핵 주변의 가스와 긴 꼬리도 사라졌다. 일부 혜성은 수십 년에 한 번의 주기로 태양을 재방문하기도 한다. 이 경우 언제쯤 혜성을 다시 볼 수 있을지 계산이 가능하다(예를 들면 헬리혜성의 주기는 75.6년이었다. 반면에 어떤 혜성은 주기가 수 세기 혹은 길게는 수십 세기까지 되기 때문에 재방문 시점을 계산하는 것은 불가능에 가깝다).

그러나 아렌드 롤란드 혜성은 어디에도 속하지 않았다. 태양과 멀어지면서 목성에 매우 근접해 지나는 도중 된 목성의 중력을 받아 두 번 다시 지구와 근접할 수 없는 방향으로 궤도가 바뀌게 되었다. 지금 프톨레미호 밖을 보니 이 운 없는 혜성의 모습이 눈에 들어온다. 태양계의 가족들로부터 멀어진 이 혜성의 종착점이 어디가 될지는 아무도 알 수가 없다.

우리는 곧 카이저대를 넘어 다음 천체에 도달할 때까지 아주 먼 거리를 이동해야 한다. 작은 천체들이 밀집해 있는 이곳은 오르트 구름이라고 부르며, 태양에서 최소 1광년은 떨어져 있는 곳이다.

1986년에 지오토 우주선이 촬영한 헬리 혜성의 모습.

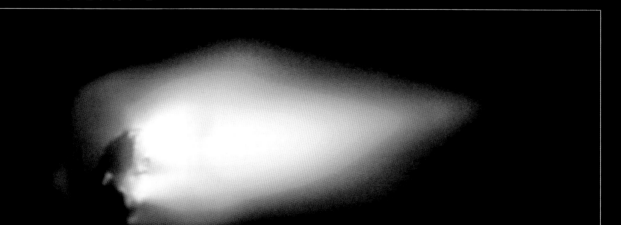

# 가장 긴 여행

　태양계 바깥쪽에는 우리가 탑승한 프톨레미호 외에 또 다른 여행객이 존재한다. 이곳에는 1977년에 우주로 쏘아 올린 자동차 크기의 작은 우주선이 존재한다. 이 우주선의 이름은 보이저 1호로, 현재까지 인류가 만든 물체 중 가장 먼 우주에 도달했다. 보이저 1호 내부에는 지구의 다양한 삶과 문화의 영상과 소리를 담은 오래된 레코드판이 담겨 있다. 이는 상식적인 의도도 존재했지만, 외계의 생명들 혹은 먼 훗날 인류 여행객들을 위해 선대가 남겨놓은 메시지였다. 물론 이것을 발견한 이들이 영상을 재생할 수 있느냐는 또 다른 문제이다.

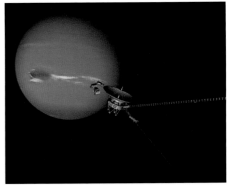

해왕성에 도달한 보이저 2호의 상상도.

보이저 우주선.

1977년 보이저 2호가 타이탄 3E에서 발사되는 모습.

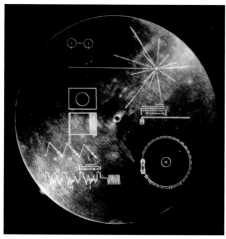

보이저호에 실려 있는 금색 레코드판은 외계 생명과의 교류를 목적으로 탑재되었다.

보이저 2호는 보이저 1호의 자매로 14.4km/s 혹은 51,500km/h의 속도로 현재까지 14.4억 km를 이동했다. 목성, 토성, 천왕성, 해왕성을 방문했으며 현재는 헬리오포즈<sup>heliopause</sup>라고 불리는 태양권의 경계에 도달했다(태양권의 경계는 태양풍의 영향이 없어지는 지점을 말한다).

보이저호에 탑재된 대부분의 장비들과 카메라는 전력 부족으로 이미 작동 정지된 상태다. 물론 일부 장비는 보이저호가 받는 열과 에너지의 방사능 물질로 작동하기는 한다. 보이저호는 여전히 라디오파를 이용하여 미약하게나마 지구와의 교신이 가능하다. 그러나 현재까지도 보이저호는 헬리오포즈가 복잡한 구조로 되어 있다는 것을 밝혀내는 등 놀라운 발견을 계속하고 있다. 아마 보이저 1호는 한 달이나 두 달 혹은 길게 잡아 몇 년 후에는 헬리오포즈를 넘어 인류가 만든 조형물 중에 최초로 태양계를 벗어나는 업적을 이룰 것이다.

# 태양계의 마지막 정거장

이곳에서 본 태양은 매우 작지만, 여전히 밤하늘의 어떤 것보다 밝게 빛나고 있다. 맨눈으로 보아도 태양의 노란색이 확연히 들어온다. 이처럼 먼 곳까지 태양이 영향을 미친다는 사실은 매우 믿기 어렵지만, 이 춥고 먼 태양계 끝자락에도 여전히 다양한 활동이 일어나고 있다. 우리가 현재 있는 곳은 오르트 구름 Oort cloud 으로 태양계가 생성될 때 남은 작은 천체들이 약 1조 개가량 떠돌고 있는 지역이다. 이 물질들은 이미 40억 년도 전에 목성과 다른 가스 혹성들의 영향을 받아 이곳까지 밀려왔다.

지구의 천문학자들은 오르트 구름을 실제로 보지는 못했다. 지구에서 이곳의 소행성과 혜성들을 관찰하기에는 거리가 너무 멀고 천체들 또한 너무 희미하기 때문이다. 그러나 때때로 두 천체들 간의 상호작용 등에 의해 이 물질들이 태양계 내부로 진입하는 경우가 있다. 이 중 일부는 혜성과 같이 밤하늘을 수놓기도 할 것이고, 또 다른 일부는 그저 스쳐 지나갈 수도 있다. 혹은 태양과 태양계의 다른 행성들의 중력에 당겨져 주기혜성이 되기도 한다.

오르트 구름의 천체가 태양계 내부로 진입하는 일은 항상 일어나지만, 때론 훨씬 큰 규모로 일어날 수도 있다고 보고 있다. 태양이 은하수를 따라 이동하는 동안 이따금 다른 별들이 가까이 접근하기도 하며, 이들의 중력 작용으로 인해 오르트 구름 내 천체들의 움직임이 흐트러질 수 있다. 이렇게 되면 수천 개의 천체들이 태양계 내부로 진입할 수도 있다. 그러나 현재의 오르트 구름은 먼 곳에서 천천히 태양 주위를 공전하며 사람들로부터 주목받을 때를 기다리고 있다.

현재 프톨레미가 도착한 오르트 구름 지역은 태양에서 약 1광년 정도 떨어져 있다. 프톨레미호는 거의 생각의 속도만큼 빠르게 이동할 수 있기 때문에 우리는 순식간에 도달할 수 있었다. 빛조차도 우리의 속도에 비하면 매우 느리게 보일 정도다. 빛은 지구에서 태양까지 8.3분, 태양계 먼 쪽까지는 몇 시간, 그리고 이곳까지 도달하는 데는 1년이라는 시간이 걸린다. 현재까지 프톨레미호 선체 내의 장비와, 혹은 시간은 매우 빠른 이동에 따른 어떤 부작용도 받지 않은 듯하다. 이렇게 먼 곳까지 즉각 도달하게 되면, 우리는 실제로 시간을 거꾸로 여행하고 있는 셈이다. 우리 뒤쪽으로 보이는 태양과 지구는 1년 전의 모습이다.

그렇다면 우리의 이론을 실증해볼까? 프톨레미호는 매우 민감한 라디오파 수신기를 가지고 있다. 이곳 오르트 구름에서 BBC TV 뉴스에 채널을 맞춰보자. 지금 새해를 맞아 새해 인사가 이루어지고 있다. 그러나 가만히 들어보니 올해가 아니라 지난해 새해 인사가 아닌가! 이 시점에서 생각의 속도로 이동하는 것은 안타깝게도 현대의 기술로는 불가능하다는 것을 짚고 넘어갈 필요가 있겠다.

뒷면 행성상 성운 메시에 27 부근의 모습.

어찌 되었든 우리는 이제 태양계를 벗어나 켄타우루스자리로 이동할 것이다. 이곳으로 반쯤 이동한 지점에서 보니, 'W' 모양의 카시오페이아자리에서 새로운 별이 탄생한 것이 보인다. 지구의 생명에게 매우 중요한 존재인 태양도 우주 전체에서 보면 수많은 별 중 하나에 불과하다. 이곳까지 도달하여 태양계를 돌아보니, 더 이상 지구도 그 어떤 행성도 시야에 들어오지 않는다. 이제 태양계에 작별을 고할 때가 된 듯하다.

시선을 돌려 다음 행선지인 켄타우루스자리의 프록시마성(星)을 보자. 프록시마성은 태양에서 가장 가까운 항성으로, 태양으로부터 4광년 떨어져 있다. 이는 대부분의 별이 얼마나 멀리 떨어져 있는지를 짐작할 수 있게 해준다. 이곳에서도 여전히 하늘의 풍경은 그대로다. 우리가 1광년이나 이동해왔음에도, 여전히 저 먼 곳에 오리온 자리가 보인다.

제임스 시먼즈(James Symonds)가 그린 오르트 구름의 상상도(비례가 아님). 오르트 구름에서 보면 태양계는 매우 작게 보이고, 맨눈으로 보면 태양만 점처럼 보인다. 사진에 보이는 한 혜성은 태양계를 벗어났으며, 다른 하나는 여전히 태양 주변을 돌고 있다. 실제로는 태양과 저 정도 거리에 떨어져 있는 경우, 핵은 얼음 상태이고 혜성 꼬리도 존재할 수 없다.

# 태양과 가장 가까운 이웃

이제 우리는 지구 남반구 사람들에게 매우 친숙한 별을 만나러 가는 중이다. 알파 센타우리$^{\alpha\text{ Centauri}}$는 켄타우루스 성좌에서 가장 밝게 빛나는 별이다. 천구 남극(지구의 축에서 항성까지 가상의 선이 확장되는 지점) 주위에서 발견되는 켄타우루스 성좌에는 하나의 항성이 아니라 여러 개의 별로 이루어진 항성계가 존재한다. 알파 센타우리는 항해자들 사이에서는 '리질 켄트$^{Rigil\ Kent}$'라고 불렸으며, 더 오래전에는 '톨리만$^{Toliman}$'으로 불리기도 했다. 이제 알파 센타우리 부근에 와보니, 태양보다는 다소 작지만 붉은색이 눈에 들어온다. 이로 미루어볼 때 아마도 알파 센타우리는 태양보다 온도가 낮은 항성으로 보인다. 이처럼 알파 센타우리가 상대적으로 어두운 항성이기 때문에 1915년이 되어서야 발견되었으며, 태양과 가깝다는 의미에서 프록시마$^{Proxima}$성이라는 이름이 붙었다. 현재까지 프록시마성 주변의 행성이 발견되지 않았으며, 주계열성 중에 적색 왜성으로 분류되고 있기 때문에 향후에도 이 항성계 내에서 행성이 발견되지는 않을 것으로 보인다. 프록시마성이 이따금 플레어를 방출할 때마다 매우 밝게 보인다. 이 플레어는 거의 프록시마성만큼이나 크게 나타나기도 한다.

각 항성은 개별 특성을 가지고 있다. 프록시마성의 진한 붉은색 표면은 매우 으스스한 빛을 뿜어내다가 갑자기 오렌지색으로 바뀌고, 다시 태양과 흡사한 노란색으로 바뀐다. 이제 프록시마의 형제자매 격인 알파 센타우리 A와 B가 시야에 들어오기 시작한다.

켄타우루스 성좌는 세 개의 항성이 하나의 항성계를 이룬다. A와 B는 공통 질량 중심을 기준으로 80년 정도의 주기로 공전한다. 아령 중간에 꽂은 축을 중심으로 양 끝이 회전하는 모습을 상상하면 비슷한 모양이 될 것이다. 그러나 사실 두 항성의 공전궤도는 원형이 아닌 타원형이며, 두 항성 간의 거리는 점점 가까워지고 있어서, 2019년에는 태양과 토성 거리만큼 가까워질 것으로 예상하고 있다.

알파 센타우리 B는 두 항성 중에 상대적으로 작고 어두운 별이며, 엷은 오렌지색을 띠는 것으로 보아 태양보다 약간 작은 항성으로 보인다. 반면에 알파 센타우리 A는 태양보다 조금 크고 밝지만, 그 외에는 거의 비슷해 태양의 친인척에 속하는 항성이다. 심지어 이 항성의 자전주기 또한 약 22일로 태양과 거의 비슷하다. 태양과 알파 센타우리 A의 유사성으로 미루어볼 때, 어쩌면 태양은 특별한 별이 아니라 우주의 수많은 별들 중 하나일 수도 있다. 알파 센타우리 A와 B가 서로에 대해 공전하는 것을 볼 때, 프록시마 또한 그럴 것으로 보고 있다. 프록시마는 중력의 공통 중심점에서 훨씬 먼 곳에 있어 굉장히 천천히 움직이고 있다. 사실 프록시마는 이 항성계의 일환이 아니며, 우주를 지나는 과정에서 잠시 이들과 함께 있는 것일지도 모른다. 시간이 이 숙제를 해결해줄 것으로 보인다.

UK의 슈미트 망원경의 적외선으로 본 항성 프록시마.

찬드라 X-선 망원경으로 본 항성 프록시마.

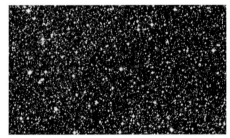

가시광선으로 촬영한 사진. 중앙에 위치한 작은 붉은색 별이 프록시마다.

# 시리우스

닉 스지마넥(Nik Szymanek)이 촬영한 천체 사진. 윌리엄 허셜 망원경 돔 위에 빛나는 별이 시리우스다.

오른쪽 상단에 밝게 빛나는 별이 시리우스이며, 두 번째로 빛나는 왼쪽 상단의 별은 카노푸스이다.

피트 로렌스가 촬영한 시리우스.

우리의 다음 행선지는 적색 왜성보다 훨씬 웅장한 별, 시리우스$^{Sirius}$다. 지구의 밤하늘에서 가장 밝게 빛나며 오리온의 벨트를 이루는 세 개의 별과 같은 선상에 있기 때문에 상대적으로 구별하기가 쉬워 어렵지 않게 찾을 수 있다.

시리우스는 태양보다 26배나 밝으며, 당연히 태양보다 더 크고 뜨겁다. 지구로부터 시리우스까지의 거리는 8.6광년, 즉 80조 km나 된다. 시리우스는 큰개자리 성좌에 위치해 도그 스타라는 별칭으로 불리기도 한다. 시리우스를 천체망원경으로 보면 아름답고 휘황찬란한 다이아몬드인 듯 무지개색으로 빛난다. 그러나 이는 오해의 소지가 있다. 실제로 시리우스는 하얀색 별이기 때문이다. 지구에서 시리우스를 보면 반짝거리는 이유는 시리우스로부터 오는 빛이 대기를 지나면서 혼선을 겪기 때문이다(이는 마치 물이 채워진 수영장 바닥에서 시리우스를 관찰하는 것과 흡사하다고 할 수 있다). 별빛이 대기를 지나면서 중간중간 끊기는 현상이 발생해 반짝이는 효과가 생성된다. 만약 여러분이 비행기를 타고 대기 높은 곳에서 별을 관찰한다면, 지면에서 볼 때보다 깜빡거리는 현상이 덜함을 발견할 것이다.

현재 프톨레미호가 있는 지점에서는 대기가 존재하지 않기 때문에, 시리우스는 조금도 깜빡거리지 않는다. 또한 더 이상 밤하늘의 점이 아니라 푸른-하얀색을 띠는 커다란 천체이자, 태양보다 더 많은 자외선을 내뿜는 거대한 에너지원으로 보인다. 다행히 프톨레미호에는 치명적인 방사능 피해를 막아주는 차폐 기능이 탑재되어 있다. 이 차폐 기능이 없었다면, 눈을 보호하는 장비가 필요했을 것이다.

시리우스에서 그리 멀지 않은 곳에 또 다른 별이 보인다. 또 다른 쌍성계로, 이곳은 앞서 보았던 알파 센타우리와는 사뭇 다른 느낌이다. 왜냐하면 두 항성의 밝기가 전혀 다르기 때문이다. 시리우스는 매우 밝은 반면에 다른 항성은 매우 어둡다. 이로 인해 이 동반성에는 강아지별$^{the\ Pup}$이라는 이름이 붙여졌다.

이곳에서 보니 강아지별은 확실히 매우 특이하다. 이 별은 지구 정도의 크기에 불과하지만 밀도가 매우 높아 질량이 태양과 비슷한 수준이다. 강아지별은 첫 번째이자 가장 잘 알려진 '백색 왜성'이다. 만약 우리가 강아지별에 있는 물질 일부를 성냥갑에 담아 지구로 가져온다면, 그 무게가 몇 톤이나 될 정도이다. 모든 물질이 원자로 되어 있으며, 원자는 대부분 빈 공간으로 되어 있지만, 백색 왜성을 이루는 원자는 엄청난 압력을 받아 빈 공간이 무너졌다고 할 수 있다. 이로 인해 양자와 전자는 매우 작은 공간에 밀어 넣어져 엄청난 밀도를 만들어낼 수 있는 것이다. 강아지별과 같은 백색 왜성은 모든 핵융합 에너지를 사용하여 생의 마지막에 도달한 별로, 언젠가는 모든 빛과 열을 잃고 생명을 다하게 될 운명이다.

# 태양계 밖의 가장 가까운 행성

우리는 지난 20여 년간 외계 행성을 찾기 위해 많은 노력을 기울여 수천 개의 외부 세계를 발견하는 진척을 이루었다. 이 모든 행성을 방문하는 것은 사실상 불가능하지만, 이 중 일부는 매우 흥미로운 곳임에는 틀림없다.

그중에서도 엡실론 에리다니 주위의 항성계가 눈길을 끈다. 엡실론 에리다니 Epsilon Eridani는 주황색 별로 태양의 3/4 정도 크기지만, 밝기는 태양의 1/3밖에 되지 않는다. 그럼에도 불구하고 태양과 가장 가까운 유사한 별로, 종종 공상과학소설의 소재로 활용되기도 한다. 프톨레미호에서 보면 이 항성계에서 가장 눈에 띄는 것은 태양계의 카이저대와 유사한 항성 주변의 먼지 띠 두 개와 엡실론 b라고 불리는 거대한 행성이다.

행성 엡실론 b와 엡실론 별까지의 거리는 지구와 태양 사이 거리의 3배 정도다. 그 때문에 엡실론 별이 태양보다 밝기가 떨어짐을 고려할 때, 아마도 엡실론 b는 매우 추운 곳으로 예상된다.

엡실론 b는 지구와 같은 바위 행성이 아니라 질량이 최소 목성의 반 정도에 달하는 가스 혹성이다. 여러 위성을 가지고 있을 것이며, 이들 위성의 대부분은 얼음이나 물로 덮여 있을지도 모른다. 이 위성들은 항성 엡실론 에리다니의 열보다는, 아마도 엡실론 b의 조석력으로 인해 열을 유지할 것으로 보인다. 이렇게 가정했을 때 위성들 중에는 내부에 바다를 가진 에리다니의 유로파라고 불릴 만한 위성이 존재할지도 모른다.

이러한 위성의 존재 여부와는 별개로, 거대한 행성의 중력은 엡실론 항성계 내의 먼지 띠의 안정성을 유지하는 데 중요한 역할을 한다. 사실 컴퓨터 시뮬레이션 결과, 소행성들 사이에는 몇 개의 거대한 행성들이 존재할 것으로 나타났다.

엡실론 에리다니 b 행성은 두 개의 거대한 띠 사이에 존재하는 것으로 나타났다. 사실 이 행성의 궤도는 약간의 논란을 불러일으켰다. 지구에서는 행성을 직접 보는 것이 불가능하여(물론 적외선 망원경을 사용할 경우, 먼지 띠 사이에 희미하게 빛나는 빛을 발견할 수 있다), 간접적인 방법을 통해 이 행성의 위치를 추론해야 했기 때문이다. 엡실론 에리다니 b의 경우, 항성 주위의 행성 궤도를 파악하는 근본적 속력 측정 방법radical velocity measurement으로 발견했다.

별의 중력이 행성을 끌어당기는 것처럼, 행성의 중력 또한 별을 끌어당기는 역할을 한다. 물론 별에 대한 행성의 중력 작용은 행성에 대한 별의 중력 작용보다는 훨씬 미미하다. 하지만 행성이 공전함에 따라 별은 분명히 조금 움직인다. 지구에서는 별의 파장 변화를 통해 이러한 이동 현상을 파악할 수 있다. 푸른색으로 이동할 때 별이 가까워지고 붉은색으로 이동할 때 별이 멀어지고 있음을 의미한다.

엡실론 에리다니 항성계의 상상도.

# 별은 얼마나 멀리 있는가?

히파르코스 위성은 1838년 프라드리히 베셀이 사용한 연주시차의 원리를 적용하여 다른 여러 별들까지의 거리를 측정했다.

백조자리 61. 베셀의 별.

이제껏 프톨레미 우주선을 타고 먼 거리를 이동해왔음에도 불구하고 창밖으로 우리 은하를 보면 가장 놀라운 점은 창밖의 풍경이 크게 바뀌지 않았다는 점이다. 물론 약간의 변화는 있지만, 여전히 큰곰자리와 오리온자리 등이 하늘을 수놓고 있다.

이는 우리 은하가 너무나도 광대하기 때문이다. 우주에 대한 우리의 관점을 바꿔준 가장 큰 과학적 발견 중 하나가 바로 별까지의 거리를 측정하는 기법이었다. 가장 큰 도약은 19세기에 이루어졌다. 당시 여러 천문학자들이 시차$^{parallax}$ 사용 방법을 고안했는데, 이는 간단한 실험을 통해 설명할 수 있다. 한쪽 눈을 감고 한 손가락을 펴서 먼 곳에 있는 물체, 예를 들면 정원에 있는 나무와 일직선상에 놓이게 한다. 그다음에는 움직이지 않은 상태에서 감고 있던 눈을 뜨고, 반대쪽 눈을 감는다. 그러면 여러분의 시점이 달라지기 때문에 손가락은 더 이상 물체와 일직선상에 놓이지 않게 된다. 이렇게 보면 여러분의 눈 사이의 거리는 그다지 가깝지만도 않은 것 같다. 만약 여러분이 눈과 눈 사이의 거리를 알고 있다면, 나무의 위치 변화를 측정할 수 있다. 이를 시차라고 한다. 이후에는 간단한 수학을 이용해 여러분과 나무의 거리를 측정할 수 있다.

물론 별까지의 거리는 너무 멀기 때문에 우리의 눈을 이용하는 것은 불가능하다. 그러나 지구가 태양을 공전하면서 위치가 바뀌는 점을 이용하면, 앞서 말했던 눈과 눈의 거리, 즉 지구와 지구의 거리가 약 3억 km의 차이나 되기 때문에 측정이 가능하다. 당시 시차를 처음 이용했던 천문학자들은 별이 가까이 위치할 것이라고 생각하여 대상 별과 그 주변 별을 이용했으며, 6개월을 기준으로 1월과 7월에 각각 측정을 시도했다.

이후 수 세기 동안 시차를 이용한 연구가 진행되었고 1838년이 되어서야 처음으로 독일의 천문학자 프리드리히 베셀이 성공했다. 베셀은 쌍성계인 백조자리 61의 한 별이 다른 별보다 빠르게 움직이는 것을 보고 이곳에 시차를 적용했다. 태양보다 작은 두 개의 오렌지 색깔의 별은 우리로부터 11광년이나 떨어져 있는 것이 밝혀졌다. 이로 인해 백조자리 61이 특이하다거나 혹은 뭔가 흥미로운 점이 있는 것도 아니었음에도 불구하고, 천문학 역사에 중요한 별로 자리 잡게 되었다. 시차는 오늘날까지도 사용되고 있으며, 최근에는 유럽의 고정밀 시차 수집 위성인 히파르코스$^{Hipparcos}$(High Precision Parallax Collecting Satellite)가 수만 개에 이르는 주변 별들에 이를 적용하기도 했다. 자, 이제는 은하수로 여행을 떠날 차례다.

# 어린 외계 행성

우리의 태양계와 비슷한 항성계를 찾기 위해 수많은 노력을 기울이고 있지만, 태양과 비슷한 항성이 아닐지라도 행성을 가질 수 있다. 좀 더 밖으로 나가보면, 엡실론 에리다니와 같이 태양보다 훨씬 빛나는 항성이라 할지라도 행성과 먼지 잔해들을 가지고 있는 것을 보았다. 지구에서 25광년 정도 떨어져 있는 물고기자리 성좌에는 포말하우트Fomalhaut라는 항성계가 존재한다. 포말하우트는 비록 태양과 이웃한 항성 가운데 밝은 축에 속하진 않지만, 직경이 257만 5000km나 되고 태양보다 18배나 많은 에너지를 쏟아내며 표면 온도는 7000도나 될 정도로 웅장하다.

포말하우트는 우리가 이곳에 오기 전에 들렀던 곳과 마찬가지로 어린 별이며, 아마도 수억 년 전쯤 핵융합을 시작했을 것으로 보인다. 그래서 포말하우트 주변에는 최소한 하나의 행성과 아직 행성이나 소행성이 되지 못한 잔해들이 띠를 형성하고 있을 것으로 보인다. 이 띠는 항성에서 약 1만 6000km 정도 떨어져 있으며, 성간 먼지들로 구성되어 있고, 적외선에서 밝게 빛난다. 이로 미루어볼 때 이 지역은 아마 뜨겁고 밀도가 높으며, 흥미로운 지역일 것으로 예상된다. 천문학자들은 지난 2008년에 허블 우주망원경을 이용하여 이 먼지들의 띠를 발견했다.

이 사진과 2년여 뒤 촬영한 사진을 분석한 결과, 약 872년의 긴 공전주기를 가진 행성을 발견하게 되었다. 사실 천문학자들은 이 항성계에 행성이 존재할 것이라 이미 예견하고 있었다. 왜냐하면 이전에도 먼지 띠의 안쪽 가장자리의 물질들이 무엇인가 보이지 않는 천체에 의해 휩쓸려가고 있는 것이 발견되었기 때문이다. 그러나 아직은 이 먼지 띠와 행성 간의 구체적인 상호작용은 물론 행성 그 자체에 대해서도 잘 알지 못한다. 이 행성이 목성보다 거대한 가스 혹성이든, 아니면 지구보다 작은 행성이든 간에, 매우 추운 행성일 것으로 보인다. 이 행성은 지구에서 태양까지 거리의 100배 이상 떨어져 있어 항성으로부터 거의 에너지를 받지 못할 것으로 보이기 때문이다.

주변 항성계에서 일어나는 이 같은 현상은 흥미로운 질문을 떠올리게 한다. 과연 항성에서 이 정도로 먼 지역에 행성이 형성되는 것은 흔한 일일까? 혹은 포말하우트보다 가까운 곳에 아직 우리가 발견하지 못한 세계가 존재하는 것일까? 만약 그렇다면 이들의 형성과 오늘날 우리가 보고 있는 먼지 띠는 어떤 관계가 있을까? 반면에 만약 우리 태양계처럼 따뜻한 세계가 흔치 않다면 어떻게 될까? 따뜻한 항성계를 찾는 일은 우주 내에서 최소한 우리와 유사한 생태계를 찾는 데 중요한 역할을 한다. 이제는 보다 따뜻한 행성을 찾아야 할 때인 것 같다.

행성 포말하우트 b. 가운데 두 점은 포말하우트 b가 공전하는 지점을 보여주며, 왼쪽은 2004년, 오른쪽은 2006년에 촬영된 것이다.

오른쪽 다비드 데 마르틴(Davide de Martin)이 촬영한 항성 포말하우트의 사진.

# '쌍둥이 별' 중 하나

다음 행선지는 카스토르<sup>Castor</sup> 항성계다. 이 항성계는 지구에서 보았을 때는 하나의 별만 보이는데, 프톨레미호를 타고 도착해보니 많은 것들이 눈에 들어온다. 우선 카스토르 항성계에 다다르니 동반성 카스토르 C가 눈에 들어온다. 이 별은 붉은색에 다소 어두우며, 가까이서 살펴보면 하나의 별이 아니라 이중성이다. 이와 같은 이중성은 별이 형성되는 지역에 밀집도가 높을 때 일어나는 흔한 현상이다. 사실 우리 태양계처럼 하나의 별만 존재하는 경우는 우리 은하에서도 소수 축에 속한다.

주성으로 시선을 돌려보니, 이 또한 쌍성이다. 프톨레미호의 망원경을 이용해 살펴보니 각 별들 모두 이중성이다. 다시 말하면, 카스토르 항성계에는 여섯 개의 별이 존재하며, 공통 질량 중심을 기준으로 공전하고 있다. 그중 가장 밝은 별은 하얀색이나, 동반성은 카스토르 C 중 하나와 마찬가지로 갈색이다.

다양한 항성의 색은 그 항성에 관한 중요한 정보를 알려준다. 항성의 색은 항성의 온도와 밀접한 관련이 있다. 하얀색은 갈색보다 훨씬 뜨겁다. 하얀색과 갈색 중간에는 우리의 태양과 같은 노란색이 있다. 카스토르의 이중성 중 하얀 별은 동반성보다 훨씬 질량이 크고, 생이 짧기 때문에 상대적으로 더 뜨겁다. 이렇듯 항성의 색을 관찰함으로써 현재 항성이 생의 어떤 위치까지 도달했는지를 알 수 있다.

그러므로 여섯 개 별의 색은 이들의 특성을 설명해주지만, 별의 기원이 다름을 뜻하지는 않는다. 카스토르의 별들은 2억 년 전쯤 형성되었을 것이고, 현재 이 별들은 수소를 연료로 핵융합이 한창인 중년기에 접어들었다. 항성 가운데 내부 핵에서 지속적으로 수소를 헬륨으로 바꾸는 별을 일컬어 '주계열성'이라고 한다. 아마도 상대적으로 밝기가 덜한 카스토르 C의 동반성은 주계열성으로 150억 년 정도를 보냈을 것으로 보인다. 태양은 주계열성으로 40억 년 정도를 보냈으며, 앞으로 40억 년 정도 더 유지할 것으로 보인다. 반면에 백색 거성인 카스토르 A와 B는 아마 생애가 수십억 년에 불과할 것으로 보인다. 우리는 별의 생이 끝나면 어떤 일이 발생하는지 살펴보기 위해 향후 베텔기우스를 방문해볼 것이다. 그러나 우선은 또 다른 종류의 별인 알골을 방문해보겠다.

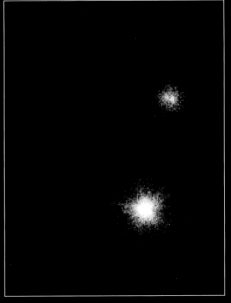

X선으로 본 카스토르. 아래쪽은 YY 제미노룸(YY Geminorum).

오른쪽 위  쌍둥이자리의 또 하나의 흥미로운 천체는 M35 성단이다.

오른쪽 아래  쌍둥이자리의 카스토르의 동반성 폴룩스. 그레그 파커의 상상도.

# 깜빡거리는 악마

태양 밖으로 약 90광년 정도 여행을 계속하다 보면 가장 특이한 별 알골Algol을 만나게 된다. 알골은 베타 페르세이라고도 불리며, 페르세우스자리에 속해 있다. 알골은 먼 곳에서 보아도 다른 별들보다 웅장함이 느껴진다. 하얀색에 매우 활동적인 별로서, 태양보다 약 100배 이상의 에너지를 내뿜으며, 질량도 태양의 4배에 가깝다. 그런데 프톨레미호 창밖으로 항성 알골을 계속 보다 보니 좀 특이한 현상이 보였다. 항성의 밝기가 줄어들기 시작하더니 10시간이 지나자 밝기가 한 등급 떨어져 처음에 보았던 밝기의 반 정도밖에 되지 않는 것이었다. 그러더니 약 20여 분 후부터는 다시 밝아지기 시작했다.

이후 10시간 정도가 지나자 다시 원래의 밝기를 회복했다. 한 번 깜빡거리는 데 굉장히 오랜 시간이 걸린 셈이다. 알골의 깜빡거리는 현상은 최소 17세기 정도부터는 알려졌던 것으로 보인다. 알골이라는 이름은 아랍어로 악마라는 의미이며, 아마 고대 천문학자들이 이 별에 뭔가 특이한 점이 존재한다고 생각하여 이런 이름을 붙인 것으로 보인다.

항성 알골로 접근하는 경로를 조금 바꾸니, 왜 이 별이 이런 특이한 행동을 보이는지 알 수 있었다. 알골은 쌍성으로, 두 별 중 하나가 다른 별 앞을 지날 때 밝기가 줄어드는 것이었다. 이는 최초로 발견된 '식쌍성'이었다. 이와 같은 식쌍성의 '광도 곡선'[시간($x$축)과 광도($y$축)를 비교한 그림]은 두 번의 하향 곡선이 나타난다. 첫 번째는 밝기가 낮은 동반성이 더 밝은 동반성 앞을 지날 때이고, 두 번째 하향 곡선은 그 반대일 때 나타난다. 이는 실제로 쌍성계의 회전축과 일치하는 면에서 관찰하면 확인할 수 있다. 알골과 지구가 이에 속했다. 만약 우리가 프톨레미호를 타고 쌍성계의 궤도면을 벗어나 쌍성계의 회전축 위에서 알골을 바라보면 밝기의 변화는 나타나지 않고, 단지 두 개의 항성이 공통 질량 중심을 기준으로 공전하는 현상이 관찰될 것이다. 아마 지구에서 보이지 않는 수많은 외계 행성 중에는 지구의 관점에서 공전궤도가 항성을 지나지 않는 것처럼 보이는 경우도 많을 것이다. 또한 알골과 같은 이유에서 동반성이 관측되지 않는 경우도 있을 것이다.

우리는 하나의 미스터리에 대해 이해했으나, 알골에는 또 하나의 역설이 존재한다. 알골의 동반성 중 더 무거운 별은 여전히 수소를 헬륨으로 핵융합하는 주계열성에 속하는 반면, 더 가벼운 별은 주계열성을 지나 헬륨을 더 무거운 원소로 바꾸는 준거성 단계에 접어들었다. 보통 더 무거운 별이 더 뜨거운 핵을 가지고 있어서 생이 더 짧아야 할 것 같기 때문에 처음에는 매우 이상한 현상처럼 보였다.

이에 대한 답은 쌍성이 개별적으로 진화하지 않는다는 것이었다. 더 무거운 별이 수소를 모두 태워 거성으로 진화하면, 더 놀라운 일들이 벌어질 것으로 기대된다.

백색으로 밝게 빛나는 알골과 노란색의 로 페르시
(Rho Persei).

# 꼬리를 가진 행성

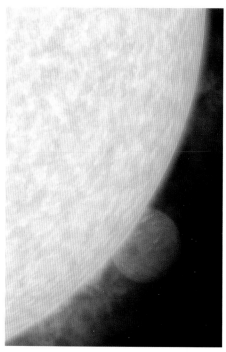

HD209458b의 상상도. 외계 행성 중에 처음으로 스펙트럼이 발견된 행성이다.

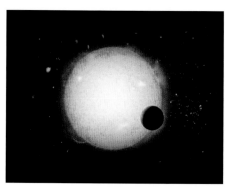

항성 옆을 지나는 뜨거운 목성의 상상도.

HD209458은 태양과 유사한 보통의 별이다. 이 별이 프톨레미호에 드리우는 노란빛은 지구에서 보는 태양의 빛과 매우 흡사하다. HD209458은 태양처럼 약한 변광성으로, 흑점의 영향을 받아 시간에 따라 밝기가 조금씩 다르다.

그러나 이 항성의 표면에서 빠르게 움직이는 그림자는 흑점이 아니라 이 항성계의 주요 행성인 HD209458b이다. 이 행성은 지구일 기준으로 3.5일의 공전 주기를 갖는다. 이 행성과 별까지의 거리는 약 700만 km로 매우 가까우며, 이로 미루어볼 때 매우 뜨거운 곳으로 보인다.

좀 더 다가가서 살펴보니, 언뜻 보아도 태양계의 목성보다도 커 보인다. 또 항성의 밝은 빛에 비추어 기다란 기체 꼬리도 눈에 들어온다. 이 기체는 대부분 수소로 되어 있으며, 수만 톤에 가까운 양의 수소가 매 초마다 대기에서 빠져나가고 있는 것으로 보인다. 이 행성의 대기는 뜨거운 열로 인해 매 순간 우주 중으로 영원히 사라지고 있는 것이다.

이 행성은 '뜨거운 목성'이라고 불리는 행성들 중 극단적인 사례로 자리 잡았다. 별과 가까운 행성들은 매우 많지만, HD209458b와 비교될 만큼 별과 가까운 행성은 현재까지 발견되지 않았다. 추측하건대, 이 행성의 꼬리가 내뿜는 열로 인해 주변의 행성들이 증발되어 없어진 것이 아닐까 생각된다.

그러나 HD209458b가 항성과 매우 가깝다는 사실은 우리에게는 도움이 된다. 지구의 천문학자들에게는 멀리 있는 행성을 관측하는 일이 좀처럼 쉽지 않은데, 이처럼 가까운 행성에 반사되는 별빛을 이용하면, 다양한 파장의 빛의 밝기를 분광기로 분석하여 행성의 대기 구성을 추측할 수 있기 때문이다.

이로 미루어볼 때 HD209458b는 태양계의 가스 혹성과 비슷한 대기 구성을 가진 것으로 추측된다. 아마 수소와 탄소, 산소, 수증기, 이산화탄소, 메탄 등이 대기 중에 존재할 것으로 보인다.

가장 놀라운 점은 이 행성이 얼마나 어둡게 보이는가이다. 목성의 경우 태양 빛의 반 이상이 대기 상단에서 반사되는 반면, HD209458b는 1/3에 불과하다(천문학자들은 이런 반사율을 '반사 계수'라고 부른다). 이 같은 행성의 어둡기는 두껍고 어두운 구름 때문인 것으로 보이며, 대기를 분해하여 뜨거운 수소 가스를 행성 꼬리에 공급하는 역할을 하는 것으로 예상된다. 이는 항성과 맞닿고 있는 면의 뜨거운 열 때문에 일어나는 현상으로 보인다.

# 미라의 눈부신 꼬리

　놀랍다는 의미의 항성 미라$^{Mira}$는 특이한 별이다. 이 별은 최초로 발견된 진정한 의미의 변광성이다. 미라는 쌍성이지만 두 별이 그리 가깝지는 않으며, 대부분의 관심은 미라 A에 쏠려 있다. 미라 A는 적색 거성이고, 내부 핵이 불안정한 관계로 흔들린다. 1만 년에 한 번꼴로 방출하는 펄스는 한 번 방출되면 약 10여 년간 남아 있으며, 최근에 방출된 펄스의 잔여물은 여전히 관찰이 가능하다. 미라 A의 밝기는 332일을 주기로 변화하며 밝기가 센 날은 밝기가 약한 날의 반정도에 불과하다.

　이러한 패턴은 미라와 같은 변광성에서 상대적으로 흔히 나타나는데, 오늘날에는 약 5000여 개의 변광성이 발견되었다.

　이 변광성의 가장 놀라운 점은 자외선으로 관측할 때에만 볼 수 있다는 것이다. 이 별을 자외선으로 관측하면, 우주를 약 130km/s로 이동하는 길고 불규칙한 가스 줄기가 보인다. 이 항성은 자기권의 앞부분에 바우 쇼크$^{bow\ shock}$가 발생하며, 이로 인해 상당히 불안정하고 빠르게 움직인다.

적색 거성 미라. 미라의 이중성 또한 확인할 수 있다.

천문학자들은 최근 미라에 혜성과 같은 꼬리가 있음을 발견했다.

# 세븐 시스터스

그레그 파커가 그린 플레이아데스성단의 상상도.

팔로마 관측소에서 본 플레이아데스성단.

뒷면_ 칠레의 사지 브루니어가 촬영한 플레이아데스
성단.

우리에게 이미 친숙한 플레이아데스성단$^{Pleiades, 星團}$ 혹은 세븐 시스터스$^{Seven}$ $^{Sisters}$는 수백 개의 별로 구성된, 태양계에서 가장 가까운 성단 중 하나라고 할 수 있다. 이 성단 중에 가장 밝은 별은 알키오네이고 성단의 다른 별들과 마찬가지로 밝은 푸른색을 띤다. 즉 이 별은 태양보다 훨씬 밝다는 의미다. 이 성단의 아름다움은 특정한 색조에 있는데, 별 주변에 형성되어 있는 성운으로 인해 신비감이 더해진다. 이 별들이 어리다는 점에서, 별빛을 받아 빛나는 성운을 구성하는 성간 가스들은 별이 만들어진 후에 남은 물질로 생각되었다. 그러나 여러 가지 정황으로 미루어볼 때, 이 성간 가스들은 별이 구성되고 남은 잔해가 아니라 단지 이동 중인 성간 구름일 가능성도 있다.

플레이아데스성단의 밝은 별들은 논쟁의 대상이 되어왔다. 그중 밝게 빛나는 7개의 별은 지구에서도 맨눈으로 관측할 수 있다. 만약 여러분 중에 12개를 볼 수 있는 사람은 굉장히 잘하는 것이며, 기록상으로는 18개까지 본 사람도 있다. 현재 프톨레미호가 있는 지점에서는 수백 개의 별이 눈에 들어오지만 이들 모두가 밝고 푸른빛을 띠는 것은 아니다.

이토록 밝은 플레이아데스성단에도 작은 별들이 존재하고, 이 중 가장 작은 별들을 주의 깊게 살펴보아야 한다. 왜냐하면 성단이 매우 어려 갈색 왜성을 찾아보기에 좋기 때문이다. 갈색 왜성은 가장 어두운 별이며, 크기는 태양의 몇 퍼센트 정도밖에 되지 않을 정도로 작다. 이들은 별이 형성되는 과정을 이해하는 데 매우 중요한 역할을 한다. 그러나 갈색 왜성은 약간의 문제를 일으킨다. 과연 별은 얼마나 작아지는 시점부터 별이라고 부르기 어려운 것일까? 한 조사 결과에 의하면, 우리 은하에는 갈색 왜성 정도 혹은 그보다 약간 작은 천체들이 수없이 존재하여, 별보다 많을지도 모른다고 했다. 놀랍게도 별이라는 조건을 충족하는 데 천체의 크기 제한은 없다. 가장 좋은 방법은 아마도 질량을 기준으로, 예를 들어 목성보다 20배 이상의 질량을 가졌다면 별이라고 구분할 수도 있을 것이다.

만약 자유롭게 떠다니는 갈색 왜성의 수에 대한 추측이 옳다면, 이들은 아마도 플레이아데스와 같은 성단에서 방출되었을 것이다. 일반적으로 은하 내에서 별들끼리 조우하는 경우는 매우 드물다. 우주라는 공간에서 별들끼리 무작위로 조우하는 일은 기대하기 힘들다. 그러나 성단처럼 매우 밀도 높은 집단에서는 조금 다를 수 있으며, 실제로 종종 하나의 별이 다른 별 옆을 지나기도 한다. 이런 상황이 발생하면 이중성 혹은 삼중성이 생성되기도 하며, 이들 중 대부분은 머지않아 균형을 잃게 된다.

# 골디락스 영역 안에서

이 수많은 별들 사이에 외계 생명이 존재할까? 물론 주의 깊게 찾아볼 필요는 충분하다. 하지만 무엇을 기준으로 찾아야 하는 것일까? 과연 어떠한 조건에서 생명이, 혹은 나아가 지적 생명체가 존재할 수 있는 것일까? 분명한 것은 이런 조건이 한때 지구에 주어졌다는 것이다. 그러나 과연 어떤 특정한 조건이 별다를 것 없어 보이는 태양계의 세 번째 행성인 지구에 생명을 부여하고, 박테리아에서부터 공룡으로, 나아가 천문학자, TV 호스트, 음악가 등 다양한 직업군을 가진 인류로 진화시켰는지에 대해서는 정확히 알지 못한다.

물의 경우는 조금 다르다. 지구에서 물은 생명의 근원이지만, 사실 우주에서는 매우 희귀한 물질임을 잊어버릴 때가 많다. 특히 물은 복잡한 생물의 형성에 있어 매우 중요한 역할을 한다. 액체는 화학물질을 세포 혹은 몸 전체로 이동시키는 데 중요한 역할을 한다. 물은 이러한 액체 중에서도 넓은 범위의 온도에서 액체 상태로 존재 가능하다(섭씨 0.1도부터 존재 가능하다). 물 분자는 우주에 매우 흔한데, 수소와 산소로 이루어지기 때문에 행성과 별이 형성되는 과정에서 흔하게 나타난다.

물은 생명에게 중요한 세 가지 특성을 가지고 있다. 첫 번째는 물이 갖는 높은 '극polar'성이다. 물의 높은 극성은 전기적 인력과 척력을 통해 다른 분자들과 약한 결합을 형성할 수 있어 다양한 조합을 가능케 한다. 이는 최소한 지구의 생명체에게는 커다란 장점이다. 또한 물은 표면장력이 매우 높아 쉽게 물방울이나 웅덩이를 형성한다. 이로 인해 동물의 모세혈관이나 식물의 줄기를 타고 위로 올라

케플러 22b의 상상도.

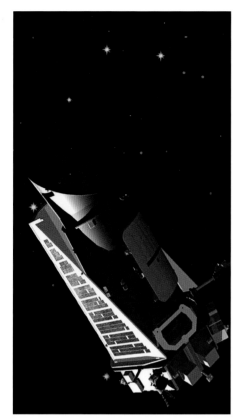

케플러 우주망원경의 컴퓨터 그래픽 사진.

가는 것이 용이하다. 마지막으로 물은 특이하게도 어는 경우 팽창하여 가라앉지 않고 오히려 부력을 갖는다. 만약 바다나 호수가 생명의 탄생과 진화에 중요한 역할을 했다면, 바닥보다 표면이 어는 편이 생태계를 유지하는 데 나을 것으로 보인다.

이러한 특성 대부분은 물이 화학적으로 혹은 최소한 물질의 분자 특성을 결정하는 양자역학적으로 중요함을 뜻한다. 하지만 물이 액체 상태로 존재할 수 있느냐는 행성의 온도로 결정된다.

우리의 다음 목적지는 해왕성 크기의 행성인 케플러<sup>Kepler</sup> 22b이다. 케플러 22b는 항성 케플러 22 주위를 돌고 있다. 이 지역은 골디락스 영역 혹은 거주 가능한 영역으로 불리고 있으며, 온도가 너무 높지도 낮지도 않아 액체 상태의 물이 존재할 수 있다.

케플러 22b는 우리가 이미 방문한 행성들과는 다른 방법을 통해 발견되었다. 물론 이 또한 간접적인 방법이긴 하다. 케플러 22b는 케플러 우주망원경(행성 운동의 법칙을 밝혀낸 요하네스 케플러의 이름을 따서 지음)을 통해 밝혀졌다. 당시 이 망원경은 하늘의 한 지점에 고정되어 14만 개가 넘는 별들의 밝기를 관찰하고 있었다. 이따금 행성이 케플러 망원경에 보이는 별의 앞쪽으로 지나가면 몇 분 혹은 몇 시간 동안 깜빡거렸다. 이런 깜빡이는 현상은 행성의 존재를 의미했고, 후속 연구를 통해 행성에 대해 좀 더 알 수 있게 되었다. 물론 케플러 22b도 이런 과정을 거쳐 알게 된 것이며, 공전주기는 290일로 밝혀졌다.

이 행성은 반경이 지구의 2.4배에 달할 정도로 크지만, 질량은 현재까지 알려지지 않았다. 아마 지구보다는 확실히 무거울 것이며, 어쩌면 지구보다는 해왕성에 가까울지 모른다. 또 22b는 표면 전체가 물로 된 세계일 수도 있다. 보다 정밀한 관측이 필요하겠지만, 현재로서는 태양과 비슷한 별 주위를 돌고 있다는 점에서 지구와 비슷한 행성으로 기대해볼 만하다.

케플러 우주망원경이 찍은 우리 은하의 모습.

# 석탄 자루 성운

석탄 자루 성운에 다가가서 보니 주변의 밝은 지역과는 대조적으로 매우 음산해 보인다. 별들이 전혀 없는 이 빈 공간은 우리 은하의 성단에서 약 200광년이나 떨어져 있다. 석탄 자루 성운은 맨눈으로 볼 수 있을 정도로 매우 크다. 이 암흑 성운은 은하수 남쪽에 균열이 생기는 부분에서 찾을 수 있다. 물론 성운 사이에 적색 거성이 보이는 등 균일하지는 않은데, 이것이 바로 석탄 자루 성운의 진정한 성질을 보여주는 것이다.

석탄 자루 성운은 우주의 빈 공간이라기보다는, 주변 별들을 가로막는 성간 먼지들로 가득 채워져 있다. 우리가 앞서 보았듯이, 천문학자들은 규산 혹은 흑연 알갱이 등을 두고 '먼지'라는 용어를 쓰며, 이들 알갱이는 모래 알갱이의 1/10 정도밖에 되지 않을 정도로 매우 작다. 이 알갱이들이 넓은 지역에 밀집해 있으면 별빛 자체를 가릴 수도 있고, 우주에서 가장 추운 지역으로 돌변하게 한다. 일반적으로 낮은 온도는 별이 형성되는 데 이상적인 조건이며, 태양 크기의 별 2,500여 개를 만들 수 있을 만큼의 질량을 갖고 있다. 이곳에는 성단이 형성되는 데도 지장이 없는 어마어마한 양의 물질이 존재한다.

그러나 석탄 자루 성운은 안정적이며, 신생 별의 흔적조차 보이지 않는다. 아마도 언젠가 항성이 이 주변을 지난다거나, 혹은 은하가 회전하면서 어떤 변화가 생길 경우 별의 형성이 시작될지도 모른다. 그러나 현재는 우리 은하의 조용한 지역으로 남아 있다.

석탄 자루 성운은 대부분의 암흑 성운과 마찬가지로 성간 먼지뿐만 아니라 가스로도 이루어져 있다. 이 가스는 주로 수소 분자와 일산화탄소로 되어 있으며, 일부 복잡한 분자들도 포함하고 있다. 이 구름 속을 지나면서 보니, 석탄 자루 성운은 하나의 구름이 아니라 두 개의 거대한 구름과 여러 개의 작은 구름으로 나뉘어 있음이 눈에 들어온다. 가시광선에서 적외선으로 바꾸어 보면 성운이 더 밝게 빛남을 알 수 있다. 심지어 지구에서도 구별 가능할 정도다. 최근 스피처 우주 망원경의 적외선 관찰을 통해 구름의 형태가 밝혀졌으며, 각자의 모양에 따라 이름을 붙였다. 이 중 하나는 구불구불한 모양이 마치 네스 호의 괴물과 닮았다 하여 '네시$^{Nessie}$'라는 이름이 붙었다.

암흑 석탄 자루 성운은 오른쪽 두 개의 밝은 별 바로 밑에 위치해 있다.

오른쪽 　석탄 자루 성운은 그림 아래쪽에 어두운 부분이며, 보석 박스 산개성단은 그림 상단에 위치한다. 오른쪽 상단에 밝은 별은 미모사(남십자자리 베타).

# 적색 초거성

그동안 우리가 방문했던 주변 항성계들은 상대적으로 생긴 지 오래되지 않았다. 그러나 이제는 생애의 마지막에 이른 항성인 베텔기우스를 살펴보고자 한다. 지구에서 보아도 눈에 띄는 이 별은 오리온자리에서 두 번째로 빛나는 별로 '사냥꾼의 어깨'에 위치해 있다. 사냥꾼의 어깨란 아랍어를 직역한 것으로, 각 지역마다 부르는 명칭이 다르다. 어떤 곳에서는 비틀주스<sup>Beetlejuice</sup>라고 부르기도 한다.

베텔기우스는 붉은색 혹은 좀 더 정확히 말하면 오렌지빛 붉은색을 띤다. 이는 베텔기우스 표면이 약 3000도 정도로 상대적으로 낮음을 의미한다. 이 정도 온도는 태양의 흑점과 비슷하다.

그러나 베텔기우스는 지름이 태양의 1000배나 될 정도로 매우 큰 항성이다. 만약 태양과 베텔기우스의 위치를 바꾼다고 가정하면 아마 태양부터 화성 사이의 모든 행성과 소행성들이 삼켜질 것이다. 또한 질량도 커서 태양의 20배 정도로 매우 무거운 축에 속한다.

허블 우주망원경이 촬영한 베텔기우스의 모습.

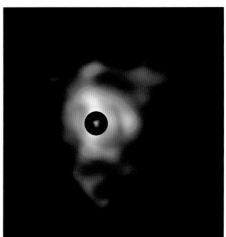

베텔기우스의 밝은 중심부는 이 적색 거성이 방출하는 물질들을 관찰하기 위해 검은색 띠로 가려두었다.

그레그 파커가 그린 베텔기우스의 상상도.

왼쪽 상단의 오렌지색으로 밝게 빛나는 별이 베텔기우스다.

베텔기우스는 지구에서 가장 강력한 장비로 관측해도 표면에 흐릿한 얼룩이 존재한다는 것 외에는 매우 작은 점으로 보인다. 그러나 프톨레미호에서 보면, 항성 표면의 어두운 얼룩들이 실제로는 대류환(항성 내부의 뜨거운 지역에서 일어나는 유체 상승 현상)임을 알 수 있다. 이 흑점들은 태양의 흑점보다 훨씬 크고, 항성 표면의 넓은 영역을 차지하고 있으며, 지속 기간도 몇 달 이상이나 될 정도로 훨씬 길다.

베텔기우스는 다른 대부분의 거성들과 마찬가지로 변동성이다. 변동 주기는 상대적으로 제한적이지만(약 5년 내외), 거성 내부의 급격한 변화로 인해 예측하기가 매우 힘들다.

베텔기우스가 태양보다 더 인상적인 이유는 무엇일까? 베텔기우스는 태양보다 훨씬 무겁기 때문에 태양보다 빠르게 진화한다. 별이 클수록 핵융합을 위한 더 많은 연료를 제공받을 수 있지만, 내부의 중력이 더욱 세기 때문에 핵융합이 빠르게 일어난다. 베텔기우스 정도의 거성이 태어난 후 수억 년 정도 지나면서 내부의 수소를 모두 사용했을 때 비로소 재앙이 시작된다. 더 이상 에너지가 공급되지 않으면 바깥쪽의 붕괴 현상을 막을 수 없게 된다.

일단 붕괴가 일어나면 별의 내부가 수축하게 되고, 헬륨이 서로 부딪칠 때까지 밀도가 계속해서 올라간다. 헬륨 역시 수소와 마찬가지로 계속해서 핵융합을 통해 무거운 원소로 변하며 별의 외부에 에너지를 공급하여 붕괴를 늦춘다.

다비드 드 마르틴이 그린 베텔기우스의 상상도.

# 전시회의 그림

이제 좀 더 깊은 우주로 이동하기에 앞서, 천체 중에 가장 아름답다고 하는 행성상 성운의 첫 번째 예제를 살펴보려고 한다. 행성상 성운은 이름에서 조금 헷갈릴 수도 있지만, 행성도 성운도 아니다. 행성상 성운이라는 이름은 성능이 낮은 망원경을 사용하던 초기 관측자들이 태양계의 행성들을 닮았다 하여 붙인 것이다. 아마도 지구에서 별들이 점처럼 보이는 반면에 이 성운은 확실히 컸기 때문일 것이다. 지구에서 보면 별들은 각도 크기가 존재하지 않는다.

지구로부터 650광년이나 떨어진 현 지점에서 보니 거대한 눈과 같은 것이 눈에 들어온다. 이는 여태껏 우주여행에서 단 한 번도 본 적이 없는 광경이었다. 이 성운은 나사 성운이며, 태양과 크게 다르지 않은 별이 죽으면서 생긴 것이다.

이 행성상 성운의 특이한 모양과 색깔은 별이 죽은 후 남는 백색 왜성의 빛이 별의 잔해들에 비쳐 생긴 것이다. 백색 왜성 내부에서는 더 이상 핵융합이 일어나지 않지만, 여전히 온도가 10만 도나 될 정도로 매우 뜨겁고, 식는 데 수십억 년은 걸린다.

행성상 성운은 아름다운 만큼 중요하기도 하다. 행성상 성운은 주변 은하까지의 거리를 측정하는 데 사용되기 때문이다. 성운 고리 내 빛나는 산소의 밝기는 중심에 별의 밝기와 직접적인 관계가 있어 별의 광도를 계산하는 데 활용할 수 있다. 일단 별의 광도를 알게 되면 행성상 성운까지의 거리와 그 성운이 속한 은하까지의 거리를 계산할 수 있다. 이를 '표준 촉광'이라고 부르는데, 관측 가능한 우주의 거리를 측정하는 데 중요한 잣대가 된다. 앞으로 방문할 세페이드 변광성 Cepheid Variables도 이의 중요한 잣대로 활용된다. 행성상 성운은 배경에 별빛을 받을 경우 특히 중요성이 부각된다. 왜냐하면 표준 촉광의 측정 방법은 별빛에 빛나는 가스의 구성에 의존하지 않기 때문이다. 사실 이것만으로도 행성상 성운은 우주여행에서 꼭 방문해야 할 장소라고 할 수 있다.

그러나 이제 복잡한 이론은 접어두고 잠시 행성상 성운의 아름다움을 감상해 보자. 이 성운은 마치 전시회의 그림처럼 아름답게 하늘에 수놓아져 있다.

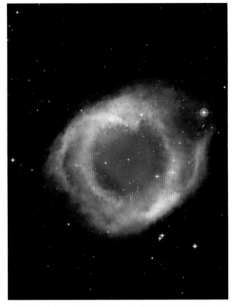

유럽 남방 천문대에서 가시광선으로 본 나사 성운.

오른쪽  스피처 우주망원경의 적외선으로 본 나사성운.

# 표준 촉광

지구에서 887광년 떨어져 있는 곳에 우주에서 가장 중요한 별 중 하나가 존재한다. 이 별은 인류가 우주를 이해하는 데 매우 큰 영향을 끼쳤다. 지구에서 보면 그다지 밝지 않고, 심지어 이 부근까지 와서 보아도 특별해 보이는 점이 없는 이 별을 우리는 델타 세페이<sup>Delta Cephei</sup>라고 부른다. 델타 세페이의 표면 온도는 5500도 정도로, 비록 질량은 태양보다 무겁지만, 겉보기에는 큰 차이가 없다.

천문학자들은 18세기에 델타 세페이를 처음 발견한 이후 밝기 변화를 지속적으로 관찰한 결과, 5년 정도의 일정한 주기로 밝아졌다 흐려지기를 반복한다는 걸 알게 되었다. 델타 세페이는 최초에 발견된 변광성 중 하나이며, 이후 많은 변광성들이 발견되었다. 물론 변광성으로 분류된 것은 델타 세페이가 처음이다. 오늘날에는 수천 개의 변광성이 발견되었지만, 델타 세페이만큼 지구에 가까운 것은 드물다. 예외로는 북극성이 있으며, 최근 논란에도 불구하고 여전히 변광성으로 구분되고 있다.

변광성이 중요한 이유는 이들의 광도와 변광 주기의 특정한 관계 때문이다. 별의 밝기가 밝을수록 변광 주기 또한 길어진다. 이러한 관계 때문에 세페이드 변광성은 표준 촉광으로 활용된다. 변광 주기를 측정하면 변광성까지의 거리를 추정하는 것이 가능하기 때문에 세페이드 변광성은 우리 은하의 지도를 잡아가는 교두보 역할을 했다고 해도 과언이 아니다. 또한 운 좋게 세페이드 변광성이 상대적으로 밝아 다른 은하에서도 잘 보이기 때문에, 다른 은하계까지의 거리를 재는 데도 활용될 수 있다.

에드윈 허블은 위의 측정 방법과 도플러효과(천체에서 오는 빛이 멀어질 경우 붉은색이 짙어지는 현상)를 이용하여 20세기 초에 우주가 팽창하고 있다는 사실을 밝혀냈다. 그는 은하 간에 멀어지는 속도를 측정하면서, 현대 빅뱅 이론의 초석을 닦았다.

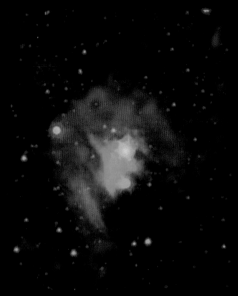

적외선으로 본 델타 세페이의 모습. 이 별 앞에서는 초록–푸른색의 바우 쇼크 현상이 일어나고 있다.

오른쪽 허블 우주망원경이 촬영한 NGC 3370 은하는 거리 측정을 가능케 하는 변광성들을 구분할 수 있을 정도로 선명하다. 이 변광성은 지구에서 1억 광년이나 떨어져 있다.

지구로부터의 거리 900광년

# 마녀의 머리

우리는 이미 오리온자리의 가장 밝은 두 개의 별 중 하나인 베텔기우스 항성을 방문했다. 이제는 오리온자리의 또 다른 밝은 별 리겔<sup>Rigel</sup>을 방문할 차례다. 리겔은 태양보다 4만 배나 밝고 질량은 17배나 무거운 매우 강렬한 별로, 베텔기우스보다는 작지만 지름이 8000만 km로 태양보다 62배나 큰 별이다.

그러나 리겔의 웅장함은 이게 끝이 아니다. 리겔의 강렬함은 우주의 넓은 범위에 영향을 미치며, 리겔에서 200광년이나 떨어진 현 지점에서 이미 리겔의 빛을 받아 반짝거리는 가스 성운 IC 2118을 만나볼 수 있다. 이 성운은 지구에서 보면 만화영화에 나오는 마녀를 닮았다 하여 '마녀 머리 성운'이라고도 불린다. 그러나 이곳에서 보면 성운의 모양이 잘 들어오지 않는다. 이 성운 역시 다른 성운들과 마찬가지로 밀도가 매우 낮고, 가장자리 형태가 불분명하다. 아마 진공 상태의 실험실보다도 밀도가 낮을 것이다.

마녀 머리 성운은 거대한 어린 별들의 고향이다. 특히 어리고 강렬한 '티타우리<sup>T Tauri</sup>' 별들에게는 더욱 그렇다. 어린 별들은 핵융합 작용으로 빛을 내기보다는, 주계열성으로 진화하는 과정에서 방출되는 에너지로 빛을 낸다. 이 별들은 매우 빠르게 회전하기 때문에 흑점과 X-선 플레어 등 다양한 활동이 일어나 주변 별들에 비해 쉽게 관측될 수 있다.

마녀 머리 성운 내의 티타우리 별들은 별이 형성되는 과정을 이해하는 데 중요한 실마리를 제공해줄 수 있다. 우리는 별이 어떻게 탄생하는지 확실히 알지 못하지만, 일반적으로는 종종 이전의 별들에 의해 시작된다는 설이 지지받고 있다.

일단 별이 생성되면 주변 환경을 헤집어놓기 시작한다. 티타우리 별들도 이와 마찬가지로 주변을 어지럽히며, 이로 인해 새로운 별들이 생겨난 것으로 보인다. 물론 최초에 무엇이 별의 생성을 촉진하는지에 대해 이해할 필요가 있다. 그러나 티타우리는 리겔의 강렬한 빛과의 상호작용이었을 가능성이 높다.

만약 이 같은 가정이 옳다면, 성운 가장자리에는 나이 든 별들이 위치하고, 중심에는 어린 별들이 위치해야 한다. 일부 천문학자들이 이러한 현상을 관찰했다고 주장하지만 여전히 확실한 결론이 도출된 것은 아니다. 별의 형성에 대한 미스터리를 푸는 일은 아마도 마녀 머리 성운과 유사한 성운들을 계속 연구하다 보면 해결될 것이다.

오른쪽 리겔의 빛을 받아 푸르게 빛나는 마녀 머리 성운의 모습. 성운이 푸른색을 띠는 이유는 성운 내의 먼지들이 붉은색보다 파란색을 더 잘 반사시키기 때문이다.

# 지구 크기의 행성

　케플러 22b는 골디락스 영역 안에 있지만, 우리가 본 것처럼 지구의 크기와는 달랐다. 지구와 비슷한 크기의 세계를 찾기 위해서는 전혀 다른 세계를 방문해야 했다. 케플러 우주망원경이 발견했던 케플러 20은 태양보다는 온도가 약간 낮고 케플러 20b, c, d, e, f의 5개 행성으로 구성되어 있다. 이는 여느 별들과 크게 다르지 않은 구성으로, 해왕성 크기 정도인 케플러 20의 가스 혹성 세 개는 일반적인 범주를 벗어나지 않는다고 할 수 있다.

　하지만 나머지 두 행성 케플러 20e와 20f는 매우 다르다. 2011년 12월에 두 행성이 발견되었을 때, 두 행성은 최초로 명확한 지구 크기의 행성으로 구분되었다. 두 행성의 크기는 하와이 마우나케아에 있는 켁 망원경을 비롯하여 지구에서 가장 강력한 관측 장비들을 이용해 시선속도를 구함으로써 밝혀졌다. 둘 중 하나의 행성은 지구 정도의 크기이고, 다른 하나는 그보다 좀 더 작았다. 이는 마치 지구와 금성 같은 관계로 보였다.

　이 정도로 작은 행성은 분명 고체 상태의 표면을 가지고 있을 것으로 보이지만, 생명이 존재하기에는 적합하지 않을 것으로 예상된다. 케플러 20과 다섯 행성들까지의 거리는 수성과 태양까지의 거리보다 가깝다. 그 때문에 두 고체 행성의 온도는 아마 섭씨 1000도 이상 될 것이며, 표면이 녹아내리고 있을지도 모른다. 그런 까닭에 케플러 20 항성계 내에서 생명을 찾는 일은 불가능할 것으로 생각된다. 그럼에도 불구하고 이 항성계는 매우 중요하다. 왜냐하면 이 항성계의 존재 자체 덕분에 이러한 항성계가 우주 내에 존재할 수 있다는 것을 알게 되었으며, 케플러 망원경과 다른 천체 장비들이 이를 밝혀낼 것으로 기대할 수 있기 때문이다.

　매번 새로운 항성계가 발견될 때마다, 행성이 형성되는 과정에 대해서도 더 많은 사실을 알게 된다. 사실 케플러 20 행성들의 구성에 대해서도 어느 정도 윤곽이 잡혔다. 아마도 두 개의 고체 행성은 세 개의 가스 혹성들 사이사이에 존재하는 것으로 보인다. 이는 고체 행성과 가스 혹성의 그룹이 나뉘어 있는 태양계와는 확연히 다르다. 이로 미루어볼 때, 행성이 형성되는 과정은 우리가 생각했던 것보다 더 복잡할지도 모른다. 만약 그렇다면 앞으로 더 놀라운 사실이 우주 어딘가에서 우리를 기다리고 있지 않을까?

# 오리온의 검 안에서

우리는 태양계로부터 1000년 이상 떨어진 곳까지 오게 되었다. 여기까지 오는 동안 백조자리 61과 베텔기우스 등 여러 항성계를 거쳤다. 이제는 이들이 어디서부터 시작되었는지 알아볼 차례다. 그런 의미에서 대성운을 방문해보자.

이 대성운의 이름은 오리온 대성운으로, 지구에서도 맨눈으로 관찰할 수 있다. 물론 관측을 위해 도시의 공해와 불빛 등으로부터 벗어나야 하겠지만 말이다. 이 성운은 오리온의 허리띠 아래에 존재하며 지구로부터 1344년이나 떨어진 곳에 존재한다. 오리온 대성운은 지구에서 가장 가까운 대성운이며, 수소가 주를 이루는 두꺼운 구름으로 되어 있다. 이는 대개 새로운 별이 생겨날 때 나타나는 현상이다.

사실 우리는 알아차리지 못했지만, 이미 꽤 오래전부터 성운 내에 진입했다. 성운을 구성하는 가스들은 놀라울 정도로 희박하여, 우리가 숨 쉬는 공기의 밀도보다 수백만 배나 옅을 정도다. 그러나 간접적이지만 성운의 가스와 먼지가 가시광선의 파장을 막아 먼 은하가 다소 흐리게 보이는 현상을 관찰하면 성운의 바깥 경계를 구분할 수 있다. 하지만 성운 중심부로 가면 여러 개의 어른 별들이 비추는 빛으로 밝게 빛난다. 특히 사다리꼴 성단이라 불리는 네 개의 별이 밝게 빛난다. 이 어린 별들은 먼지에 열을 가할 뿐만 아니라 기체에 에너지를 공급하여 스스로 빛나게 한다. 사다리꼴 성단의 별들은 서로 1.5광년 정도 떨어져 있다. 오리온 대성운의 밝은 부분은 지름이 24광년 정도로 매우 넓은 범위에 걸쳐 있으나, 이는 성운 전체의 일부에 불과하다.

별은 어디에서 오는 것일까? 별이 탄생하기에 오리온 대성운이 적합한 이유는 무엇일까? 가시광선보다 긴 파장을 이용하여 이 성운을 관찰하면 무언가 해답을 얻을 수 있다. 적외선을 이용하여 오리온 대성운을 1mm 이하의 영역에서 살펴

왼쪽 적외선으로 본 오리온 대성운은 가시광선을 가리는 먼지들을 투시하여 볼 수 있게 해준다.

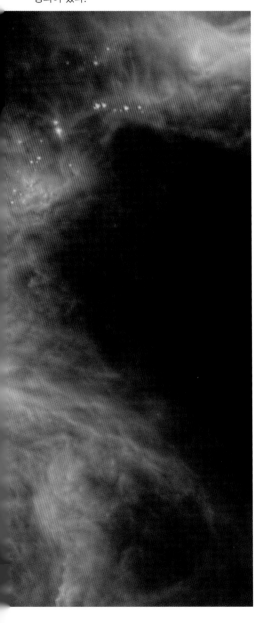

사다리꼴 성운의 밝은 네 개의 별들로 주변이 밝게 빛나는 모습. 초록색 소용돌이는 수소와 황산 가스를 의미하며, 붉은색은 탄소와 결합된 분자들로 구성되어 있다.

보면(전자레인지의 마이크로파 정도 길이의 파장), 성운이 어둡고 칙칙한 먼지투성이로 되어 있음을 알 수 있다.

먼지의 존재는 주변 별들의 빛을 차단한다. 이로 인해 성운 내의 물질들은 절대영도보다 약간 높은 0.270℃ 정도에서 존재하게 된다. 앞서 얘기했듯, 온도는 기체 분자와 원자가 움직이는 속도와 관련이 있다. 이렇게 낮은 온도에서는 이들의 움직임이 활발하지 못하기 때문에 이들 사이의 중력은 강력한 힘으로 바뀌고, 천천히 움직이는 입자들에 영향을 끼치며, 가스와 먼지들이 수축하기 시작한다.

무엇이 이 같은 절차를 촉진하는지에 대해서는 아직 완전히 이해하지 못했다. 그러나 이러한 절차가 시작되면 그 이후는 매우 빠르게 진행된다. 약 수만 년 정도가 지나면, 먼지 덩어리의 중심은 핵융합이 일어나기에 충분할 정도로 커지며, 별이 탄생하는 것이다. 이 별은 내부로부터 에너지를 받아 핵 주위를 밝게 해주며, 특히 적외선으로 보면 더욱 빛난다. 이후 머지않아 격렬한 소용돌이가 생성되어 주변의 물질들을 치워나간다. 일부 남은 물질들은 별 주변에 띠를 이루고, 주변의 밝게 빛나는 성운들 사이로 보이게 된다. 사다리꼴 성단의 별들은 오리온 성단에서 가장 빛나는 별들이지만, 앞으로도 성운 내에 많은 별들이 형성될 것으로 보인다. 포말하우트와 마찬가지로 이들은 주위에 띠를 가지고 있으며, 이 물질들은 향후 행성들의 재료가 될 것으로 보인다. 이 띠들은 주위에 밝게 빛나는 성운 가스들을 배경으로 눈에 잘 들어오며, 종종 원시행성계 원반<sup>proplyds</sup>이라고 불린다. 이들은 새로 생겨난 별들이 일부 물질들을 잡아두어 주변에 행성이 형성되게 한다는 설을 입증하는 중요한 증거이다.

오리온 대성운에는 아직 물질들이 충분히 남아 있어 향후에도 계속 별들이 생겨날 수 있다. 물론 언젠가는 공급할 물질이 바닥날 것이다. 이 성운이 만들어낸 별들과 행성들은 주변의 가스들을 밀어내 결국 어린 별들로 이루어진 거대한 성단만 남게 될 것이다. 우리는 이미 우리 은하 내에도 이러한 성단들을 여럿 보아왔는데, 이들 또한 오리온 대성운과 같은 환경에서 탄생했을 것이다. 태양과 태양계는 비슷한 환경에서 45억년 전쯤 생겨났을 것이다.

오른쪽 오리온 대성운 내에는 마치 뛰어가는 남자의 모습을 한 붉은색 모양이 존재한다.

# 아인슈타인의 이론을 검증하다

여태까지 우리의 우주여행은 말 그대로 우주 관광으로, 적외선, 자외선, 라디오파 등을 이용하여 우주를 탐험했다. 따라서 어쩔 수 없이 빛을 내는 천체에 편향되어왔다. 그렇지만 이외에도 중요한 것들이 있다. 예를 들어 우리는 우주를 여행하는 빛이 아니라 우주 그 자체에 주목해볼 수 있다.

우주 공간 그 자체는 아인슈타인의 상대성이론이 소개된 이후 중요성이 부각되었다. 우주 공간은 물질로 되어 있으며, 장력이 존재하며, 물질의 존재로 인해 왜곡되기도 한다. 사실 이는 중력이 작용하는 원리이다. 쉽게 말하면 태양이 주변 공간에 영향을 주기 때문에 지구가 태양 주위를 공전한다는 것이다.

쉽지는 않지만, 우주 공간(보다 정확히는 시공간)은 찢겨질 수도 있다. 우주 공간은 매우 뻣뻣하여 중력파가 통과하기 매우 어렵다. 비유적으로 표현하자면 파장이 철제 대들보를 통과하는 일보다도 어렵다. 그렇기 때문에 중력파는 매우 미세하며 이를 잡아내는 일 또한 기술적으로 매우 어렵다. 지구에서는 레이저 간섭계 중력파 관측소(LIGO, Laser Interferometer Gravitational Wave Observatory)를 이용해 수 km 이내에 원자핵보다 작은 움직임인 중력파를 잡아내려는 어려운 시도를 하고 있다.

아마도 앞으로 10년 내에 LIGO의 민감도가 최대치에 달하면 블랙홀의 생성이나 혹은 태초의 빅뱅으로 인한 중력파까지 잡아낼 것으로 기대된다. 현재 우리가 프톨레미호의 센서를 이용해 잡은 중력파는 상대적으로 높은 민감도를 요구하는 것은 아니지만, 매우 흥미로운 것임에는 틀림없다. 이 중력파의 근원은 이중 펄서라고 불리는 천체에서 나오는 것이다.

지금 여러분의 눈 앞에는 두 개의 펄서가 보인다. 이 두 개의 펄서는 거대한 별의 잔해로 매우 빠르게 회전하며, 서로의 주위를 공전한다. 또한 펄서는 자신의 거대한 중력으로 인해 양 극에서 물질들을 뿜어낸다. 펄서의 양 극에서 뿜어져 나오는 물질과 빛은 마치 등대가 바다를 비추는 것과 흡사하다. 그러나 펄서는 등대와는 비교할 수 없을만큼 빠르게 회전하여 매 초마다 빛이 수 차례 깜빡거리는 것을 볼 수 있다. 펄서의 빠른 회전은 여러 개의 중력 파장을 형성한다. 이 파장은 펄서의 에너지를 우주로 내보내는 역할을 하며, 이로 인해 두 개의 펄서는 차츰 가까워지고 있다. 두 펄서가 가까워지는 속도는 점점 빨라져 결국에는 충돌하겠지만, 그날이 오기 전까지는 계속해서 장관을 연출할 것이다.

각 펄서들은 매우 민감한 시계와도 같다. 매번 펄스를 내보낼 때마다 방사선이 우리의 눈앞을 휩쓸고 지나가지만 이 시계는 점점 느려지고 있으며, 이로 미루어 에너지를 잃고 있는 것이 분명하다. 이 결과는 중력파를 예측하는 상대성이론의 공식과 정확히 일치한다. 펄서는 물리학의 유명한 이론을 입증하는 중요한 증거다.

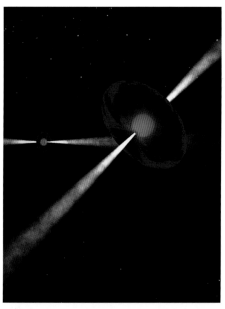

이중성 PSR J0737-3039A/B는 유일하게 알려진 이중 펄서다. 두 개의 중성자별은 서로를 기준으로 돌고 있으며 둘 다 전파 펄서만큼 눈에 잘 보인다. 그림은 대니얼 캔틴(Daniel Cantin)의 상상도.

오른쪽 이중 펄서를 발견한 로벨 전파 천문대.

# 고리 성운

우리는 알아차리기도 전에 이미 고리 성운에 도달했다. 고리 성운은 유명한 행성상 성운 중 하나로, 태양과 유사한 별이 죽어가며 생긴 아름다운 잔재다.

가까운 곳에서 보면 전혀 행성처럼 보이지 않지만 고리 성운은 여전히 중심에 흐릿하지만 밝은 부분을 여러 겹으로 감싸고 있다. 각 겹은 뚜렷한 색을 띠고 있으며, 그중 바깥쪽은 수소와 질소 여기원자勵起原子, excited atom로 인해 붉은색을 띠고, 중심부는 미약한 산소 기체로 인해 옅은 푸른색을 띤다. 고리 성운의 고리는 가스와 먼지 덩어리들 때문에 부드럽지 않고 얼룩덜룩하다. 전자기파 스펙트럼의 적외선으로 보이는 흐릿한 부분까지 모두 포함하면 고리 성운의 직경은 1광년 이상 될 정도로 매우 크다.

성운의 중심을 살펴보면 흐릿하지만 여전히 뜨거운 별이 존재한다. 이 백색 왜성은 온도가 10만 도 정도 되며, 전체 성운을 밝게 비추는 역할을 한다. 성운의 먼지 덩어리들은 강력한 방사선과 주변 물질이 결합하여 생겨난 것이다. 프톨레미호를 타고 성운 주변을 돌아보니, 실제로 이 성운은 고리 모양이 아니라 허리 부근이 조금 들어간 실린더 모양이었다.

그것은 이 성운의 생성에 대해 중요한 단서를 제공한다. 고리 성운은 다른 모든 행성상 성운과 마찬가지로 항성이 적색 거성의 단계에 들어설 때, 항성의 핵융합이 중지되어 가장 바깥층의 잔재가 흩어지면서 만들어진다. 이후 항성의 핵은 시리우스의 동반성과 같은 백색 왜성으로 남게 된다. 백색 왜성은 에너지를 더 이상 생산하지 않기 때문에, 이후 수십억 년에 걸쳐 죽음을 준비하게 된다.

복잡하고 아름다운 형태의 행성상 성운을 만들어내는 적색 거성의 가장 바깥층은 별의 생애 마지막 몇 년에 걸쳐 천천히 밖으로 방출된다. 성운의 형태는 항성풍과 항성의 자기장에 영향을 받아 특이한 형태를 만들어낸다.

이 성운은 앞으로 수 만년 내에 사라지게 될 것이다. 고리 성운과 같은 별의 잔재들은 무거운 원소들을 주변에 방출하며 다음 별이 생성되는 데 중요한 재료들을 제공한다. 고리 성운은 아마 8,000여 년쯤 전에 생겨났을 것으로 보이며, 우리는 짧게나마 잔해가 되버린 별의 마지막 모습을 지켜볼 수 있게 되었다.

적외선으로 본 고리 성운. 이 성운은 별이 남긴 잔해들로 구성되어 있다.

오른쪽 이 그림은 실린더 관 위에서 고리 성운의 단면을 내려다 보고 있는 것과 같다. 성운 가장 자리에는 어두운 별의 잔재들이 존재하고, 가운데 푸른색 핵은 죽어가는 별의 마지막 모습이다.

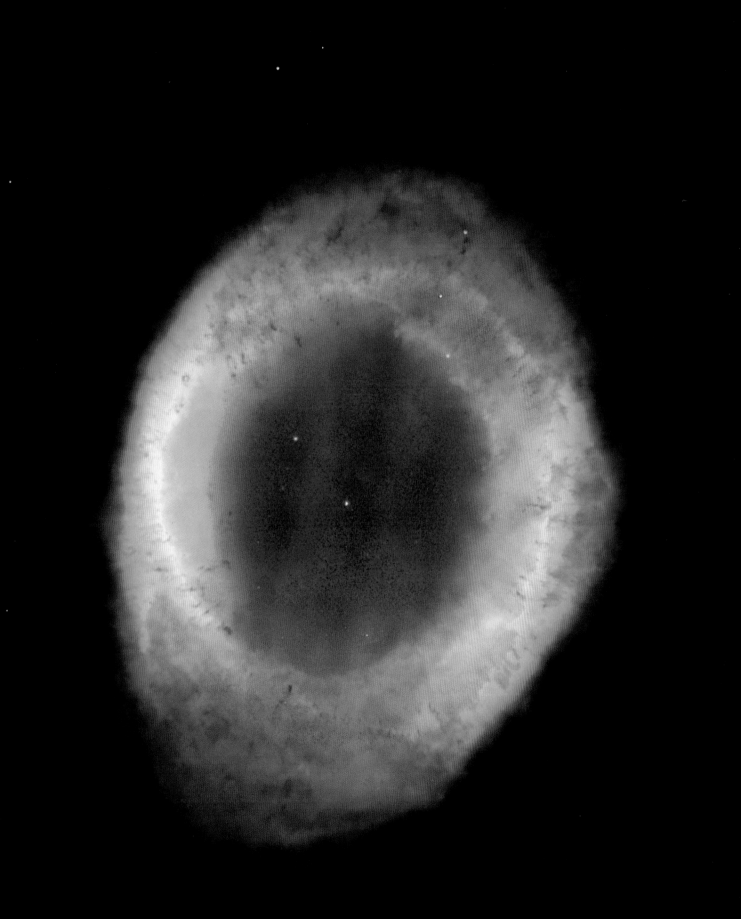

# 붉은 직사각형 성운

　우리의 다음 행선지 또한 행성상 성운이다. 이곳은 쌍성이 주변이 미치는 영향이 확연하게 들어온다. 이 행성상 성운은 특이한 색깔과 모양을 가지고 있으며, 카탈로그상의 이름은 HD44179이지만 흔히 붉은 직사각형 성운이라 불린다.

　이 성운은 놀라울 정도로 대칭적이고, 양 측면은 사다리꼴을 닮았으며, 중심의 별은 X자 모양으로 빛을 낸다. 프톨레미호를 타고 주변을 돌아보니 X 모양은 한쪽 측면에서 본 모양에 불과했으며, 실질적으로는 두 개의 원뿔 모양으로 생겼다. 이로 미루어볼 때 행성상 성운은 각기 다르지만, 기본 구조는 항상 같은 것처럼 보인다.

　붉은 직사각형 성운의 붉은색은 복잡한 성운 내의 분자들 때문으로 보이며, 특히 피렌과 생체분자인 다환 방향족 탄화수소$^{PAHs}$(지구에서 다환 방향족 탄화수소는 주로 연료가 탈 때 생겨나는 부산물이다)의 영향이 큰 것으로 보인다. 여기서 생체분자란 유기체가 아니라 탄소 화합물을 의미한다. 이 분자들은 생명체의 기본을 구성하는 화합물로 쓰일 가능성이 있으며, 아마도 성운이 생성되는 극심한 환경에서 파괴될 것으로 예상되었다. 그러나 PAHs는 빛의 영향에 저항성을 가지는 분자 집단을 형성하여 이 과정에서 살아남아 행성상 성운에 보존된 것으로 보이며, 이로 인해 붉은 직사각형이라는 이름을 얻게 된 것이다.

　지금까지 이 지역을 이해하기 위한 수많은 노력이 있었다. 붉은 직사각형 성운은 20세기 중반에 두꺼운 대기층 밖으로 로켓을 내보내 적외선 관측을 시도하여 발견했던 수백 개의 천체 중 하나였다. 이러한 미션은 물론 기술적으로 매우 힘들었지만, 이러한 시도가 없었다면 천문학자들은 대기권의 방해를 벗어나 천체를 관측하는 일이 불가능했을 것이다. 앞서 언급한 PAHs는 특히 적외선에서 밝게 빛나는 물질이기 때문에, 지면에서 이 성운을 관측하지 못했던 것이다.

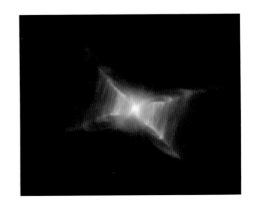

위와 아래 허블 망원경이 촬영한 붉은 직사각형 성운은 X자 모양이 더욱 뚜렷하다. 사진으로 볼 때 성운에 층이 생기는 것으로 보아 방출 현상이 산발적으로 일어나는 것으로 보인다.

# 에스키모 성운

모든 행성상 성운은 다른 모양을 가지고 있다. 다음 행선지인 에스키모 성운 또한 마찬가지다. 지구에서 관측했을 때 보이는 특이한 모양 때문에 에스키모 성운이란 이름이 붙여진 이 성운은 두 부분으로 나뉜다. 내부는 가느다란 선이 복잡하게 엉켜 있으며, 고리 모양의 먼지들이 빛나는 물질을 감싸는 형태다. 아마 복잡하게 엉킨 선은 방출된 물질로 보이며, 고리 모양의 먼지들은 방출되는 단계의 물질로 보인다.

가운데 빛의 근원은 백색 왜성이고, 태양과 유사한 별의 잔재이다. 백색 왜성은 이미 핵융합 에너지를 생성하는 단계를 지났으며, 천천히 식고 있다. 이 같은 천체는 주변에 행성상 성운이 사라지면 더 이상 발견하기 어렵고, 이후에 은하 전체로 흩어진 뒤 수백억 년에 걸쳐 천천히 식게 된다.

에스키모 성운이라는 이름은 마치 사람이 털 외투를 입은 모양을 닮았다 하여 붙여졌다. 내부의 가느다란 선들이 항성풍에 의해 밖으로 퍼져나가고 있다.

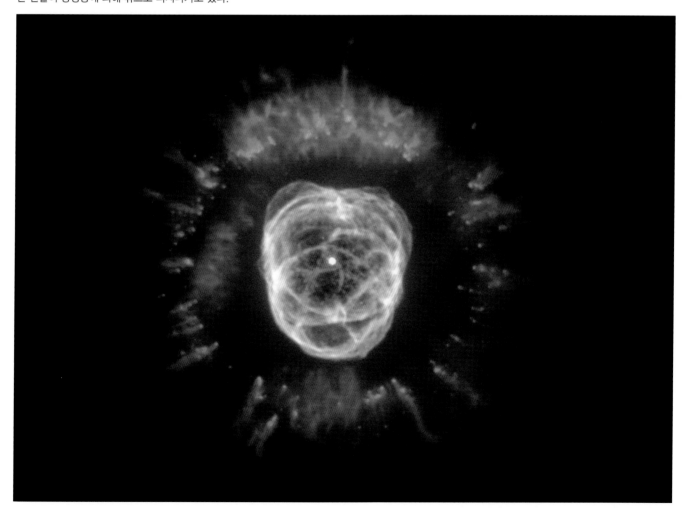

# 고양이 눈 성운

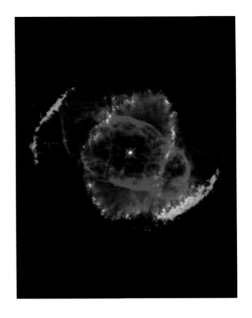

천문학적 시간 단위에 적응하는 일은 쉽지 않다. 우리의 뒤를 이어 앞으로 수만 년 후에 우주여행을 하는 이들이 보는 것은 오늘날 우리가 보고 있는 우주와 크게 다르지 않을 것이다. 물론 일부 별들이 상호작용으로 인해 서로 가까이 이동하는 일은 있을지도 모르지만, 아마도 수십억 년 동안 그래왔듯 여전히 밝게 빛나고 있을 것이다.

그러나 행성상 성운만큼은 예외다. 이들은 고작 수만 년 정도 지속될 뿐이다. 그 때문에 우리는 시기적절하게 이곳을 방문했다고 할 수 있다.

수십 광년 정도 떨어져 있는 곳에서 이 성운은 조금 으스스해 보인다. 마치 가운데 눈을 여러 겹의 고리가 감싸고 있는 듯한 형상을 하고 있는 이 성운은 지구에서 관측되는 모양 때문에 '고양이 눈' 성운이라고 불린다.

이 성운은 나사 성운과 마찬가지로 태양과 유사한 별이 죽으면서 남긴 잔해다. 우리가 태양을 방문했을 때 보았듯이, 태양은 원자의 충돌로 인해 수소에서 헬륨으로 바뀌며, 매 초마다 400만 톤의 수소를 태운다. 물론 언젠가는 내부의 수소가 바닥날 것이다. 그때가 되면 이후 태양의 진화는 다소 불안정해지고, 결국 바깥층을 방출하면서 오늘날 우리가 보고 있는 성운들과 유사한 형상을 만들게 될 것이다.

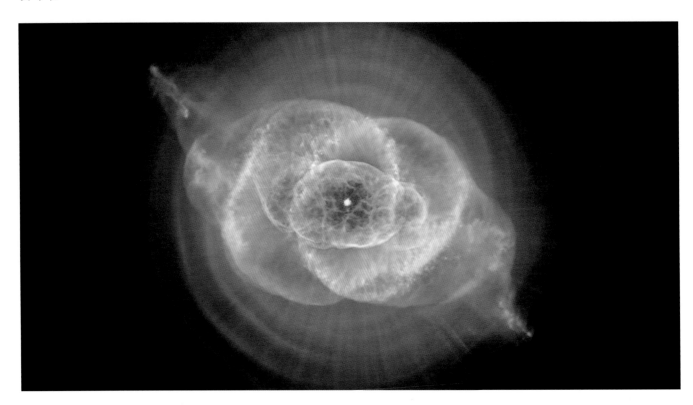

우리가 현재 보고 있는 가스 고리는 7000℃ 이상이고(오늘날 태양의 표면보다 높은 온도), 최근 별에 있었던 여러 번의 격렬한 사건을 나타낸다. 가운데의 눈동자처럼 보이는 것이 남아 있는 이 별은 백색 왜성으로 생을 마감할 것이지만, 현재는 잘 보이지 않으며 미스터리에 싸여 있다. 중심의 별에서는 X-선이 활발하게 뿜어져 나오고 있다. 눈에 보이지는 않지만 아마도 중심의 별이 동반성 물질을 흡수하고 있는 것으로 예상된다.

이 동반성은 아마도 성운이 복잡한 구조를 띠는 원인일 것이다. 프톨레미호를 타고 성운을 돌아보면, 고양이 눈 성운의 구조는 생각보다 훨씬 복잡함을 알 수 있다. 이 성운은 다양한 모양과 크기의 방울들이 서로 복잡하게 연결되어 있다. 가장 밝게 빛나는 방울은 모래시계 모양의 방울들과 엮여 있다. 이런 구조는 복잡한 절차를 거쳐 생겨났을 것이며, 쌍성 사이의 거리가 가깝다는 점이 복잡성을 더해주었을 것이다. 쌍성의 항성풍 또한 강력한 영향을 끼쳤을 것이고, 이로 인해 성운 방울들은 긴 흔적을 남기게 되었을 것이다.

원인이 무엇이든 간에, 이 현상은 길게 지속되지는 않을 것으로 보인다. 일반적으로 행성상 성운의 수명은 수만 년을 넘지 않으며, 고양이 눈 성운은 아마도 태어난 지 1000년을 넘지 않을 것이다. 우리가 보고 있는 성운 방울들은 여전히 팽창하고 있으며, 이로 인해 성운의 모양도 계속 변하고 있다. 아마 수십만 년 뒤에 이곳을 지난다면, 천천히 식어가는 백색 왜성 외에는 주변에 어떤 성운의 흔적도 찾아볼 수 없을 것이다.

지금까지 우주의 무료 전시회를 충분히 즐겼다면, 이제 다음 행선지로 발걸음을 옮길 차례다.

왼쪽 위와 아래 그리고 위쪽 **고양이 눈 성운은 알려진 행성상 성운 중에서 복잡한 축에 속한다. 성운 중심에는 쌍성이 존재할 것으로 보인다. 이 고화질 사진들을 보면 양파처럼 여러 겹으로 된 가스층이 눈에 들어온다.**

사수자리의 붉은거미 성운.

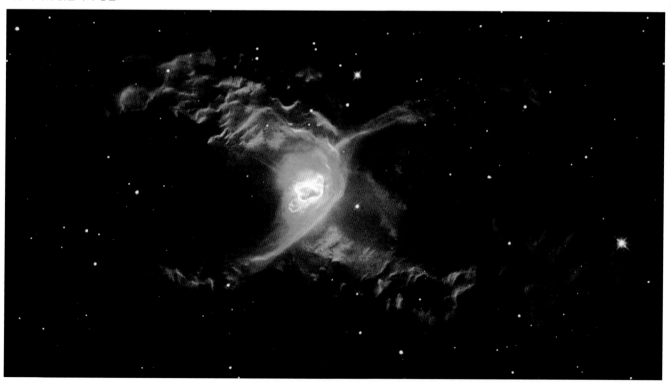

# 게성운

성운은 매우 다른 형태를 지니고 있는데, 이 중에서 아마 가장 특이한 것은 게성운이라 불리는 M1이 아닐까 싶다. 먼 곳에서 보면 그냥 한 덩어리의 빛처럼 보이지만, 가까이 가면 매우 놀랍고 복잡한 구조를 확인할 수 있다.

게성운은 사실 여태껏 보았던 성운들과는 확실히 다르다. 이제껏 보았던 성운은 별이 생성되고 남은 잔해이거나, 죽어가는 별이 남긴 행성상 성운이었던 것에 비해 게성운은 별의 급작스러운 죽음으로 생겨난 것이다. 만약 우리가 7500년 전에 이곳을 지났다면 거대한 폭발을 볼 수 있었을 것이다. 별의 폭발은 지구에서도 대낮에 보일 만큼 매우 강력한 것이었으며, 6500광년 정도 떨어져 있음을 감안할 때, 1054년경 중국의 천문학자가 남긴 기록이 이 현상을 관찰한 것으로 보인다.

초신성 폭발은 질량이 매우 높은 별에서만 일어난다. 항성 내부의 모든 수소와 헬륨을 사용하고 나면 계속해서 무거운 원소로 바뀌게 되고, 질소, 탄소, 산소 등을 거치면서 연료를 태우게 된다. 별의 생의 마지막 몇 단계는 매우 빠르게 일어난다. 그러나 한 번 항성 내에 철이 생성되면 더 이상 돌이킬 수 없게 된다. 철은 모든 원소 중에 가장 안정적이고, 철 원소끼리 충돌할 경우 더 이상 에너지를 생성하는 것이 아니라 사용하게 된다.

가시광선으로 본 게성운. 이 성운은 가는 선들이 복잡하게 채워져 있는 형상이다. 초록색은 별의 폭발로 수소가 방출되면서 나타나며, 푸른색은 거대한 자기장 안에서 고에너지의 전자가 회전하면서 생긴다. 성운 중심의 오른쪽 아래에는 쌍성과 펄서가 발견되었다.

초신성 폭발 잔해 M1

왼쪽 칠레 파라날에 설치된 유럽 남방 천문대에서 관측한 게자리 성운.

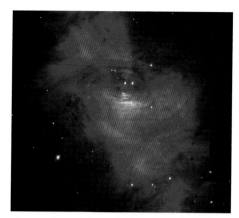

허블 우주망원경으로 본 게자리 성운의 중심부.

그 때문에 급작스러운 붕괴는 피할 수 없는 현상이며, 별의 중심이 무너지면서 작고 무거운 잔해들을 만들어낸다. 비록 게성운은 이 잔해들의 영역의 지름이 수 km에 불과하지만, 이들 잔해는 적어도 태양만큼의 질량을 가질 것으로 보인다. 게성운의 중심을 구성하는 모든 원소들은 아원자들로 쪼개져 있고, 매우 단단하게 뭉쳐져 비록 한 컵의 물질이라 해도 무게는 수천 톤에 달할 것으로 여겨진다.

중성자별이라고 부르는 이 작은 잔해들은 매 초 30바퀴 정도로 빠르게 회전하고 있으며 라디오파를 방출한다. 이들이 내보내는 라디오파를 수신해보면 매우 주기적인 펄스로 구성되어 있음을 알 수 있다. 한때는 이것이 외계 문명에서 보내는 신호인지의 여부에 대해 심각하게 고려하기도 했다. 이들이 내보내는 펄스들로 인해 이러한 천체에는 펄서라는 이름이 붙여졌다.

별의 질량 대부분은 펄서로 생을 마감하지 않는다. 항성 바깥쪽의 붕괴는 안쪽보다 빠르게 일어나기 때문에 바깥쪽이 안으로 수축했다 다시 튀어나가는 현상이 생겨난다. 초신성 폭발은 펄서를 말하는 것이 아니라, 이렇게 바깥층이 안으로 수축했다가 밖으로 튀어나가는 현상을 가리킨다. 사실 초신성 폭발은 별의 내부에서 생성된 무거운 원소들을 다시 양자와 중성자로 되돌리는 역할을 한다. 그러나 초신성 폭발이 일어나는 동안에도 밖으로 분출되는 물질들의 밀도와 입자들의 에너지로 인해 추가의 핵융합이 가능해진다. 사실 초신성 폭발에서 보이는 대부분의 빛은 폭발이 일어나는 동안 불안정한 핵이 붕괴하는 결과 때문에 간접적으로 형성되는 것이다. 그런 이유로 게성운 구성 물질은 별 내부뿐만 아니라 폭발 중에 생성되는 원소들까지 포함하고 있으며, 훗날 새로운 별의 탄생에 중요한 재료가 될 것으로 보인다. 아마 오늘날 지구의 무거운 원소들 또한 게성운과 같은 초신성 폭발의 잔해들로부터 생겨났을 것이다. 어찌 보면 우리는 거대한 별의 자손들인 셈이다. 이는 실로 경이롭기 그지없다.

오른쪽 스피처 우주망원경의 적외선으로 본 게자리 성운.

# 창조의 기둥

우리의 다음 행선지인 독수리 성운은 지구에서 7000광년 정도 떨어져 있다. 이곳에는 거대한 가스 기둥들이 존재하며, 성운의 중심에는 가스들을 밀어내는 역할을 하는 뜨거운 별들이 존재한다. 이 중 몇 개의 별들은 가스 기둥 사이로 눈에 들어오기도 하며, 전면에는 뜨겁고 어린 성단들도 눈에 띈다. 이 광경은 엄청난 장관을 연출하여 '창조의 기둥'이라는 별칭을 얻게 되었다. 아마도 독수리 성운은 우리 은하 전체에서 손 꼽힐 만큼 아름다운 곳이 아닐까 싶다. 독수리 성운의 눈에 보이지 않는 영역을 관측하는 것은 역시 허블 망원경의 몫이다.

이처럼 어둡고 먼지로 가득한 성운은 매우 일반적이며, 이런 먼지들이 별을 형성하는 데 얼마나 중요한지에 대해서는 앞에서 충분히 다루었다. 이 먼지들이 없다면, 기체 분자들은 자신들의 중력으로 덩어리를 형성하기도 전에 멀리 흩어져버릴 것이다. 그런데 독수리 성운의 먼지들은 어디서부터 오는 것일까?

이것은 여전히 풀어야 할 미스터리로 남아 있다. 거대하고 오래된 별들은 대기 상층에서 먼지들을 형성하며 이러한 물질들이 성간 물질로 흘러나왔을 수도 있다. 초신성 폭발 역시 먼지들의 형성에 역할을 했을 수도 있다. 그러나 두 현상 모두 이 정도 크기의 성운을 형성하는 데 충분한 물질을 공급하기에는 충분치 않다. 물론 이 현상에 대한 답은 존재할 것이다. 하지만 현재로서는 독수리 성운의 기둥은 여전히 알 수 없는 영역으로 남아 있다.

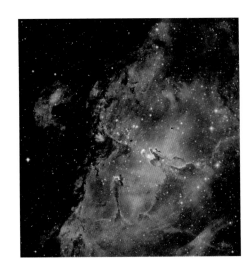

위와 아래 독수리 성운의 모습. 별이 태어나는 부근에 소형 구체와 기둥들이 형성되어 있다. 푸른색의 몇몇 어린 별들이 먼지들을 밀어내는 모습도 눈에 들어온다.

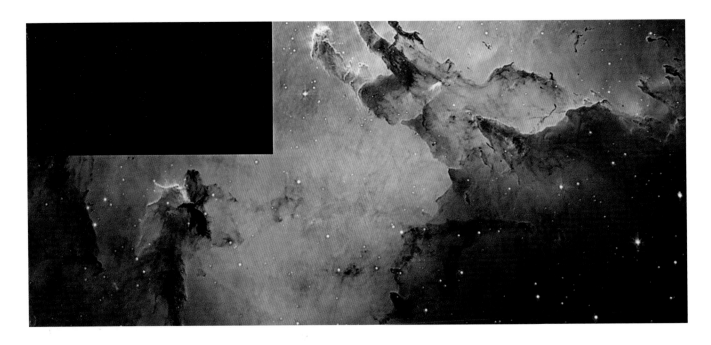

독수리 성운의 상징인 가스 기둥들의 사진은 1995년에 공개되었다. 이 기둥들은 새로운 별을 위한 인큐베이터이다. 녹색은 수소를 나타내며, 빨간색은 황산, 푸른색은 산소이다.

# 죽어가는 별

우리는 앞서 게성운에서 별의 잔해들을 방문했다. 이제 아직 죽지는 않았으나, 머지않은 미래에 죽음을 맞이하게 될 별을 방문해볼 차례다. 이 별의 이름은 '에타 카리나이^Eta Carinae'이며, 예전에는 '포라멘^Foramen'이라는 이름으로 불렸으나, 오늘날에는 '에타'라는 이름이 더 자주 쓰인다.

에타까지의 여정은 지구로부터 8000광년이 걸린다. 이 별에 다가갈수록 과연 이곳에서 무엇을 발견하게 될지 점점 알기 어려워지는 듯하다. 이 별은 천문학자들 사이에서는 가히 전설적이라고 할 수 있다. 왜냐하면 빅토리아 여왕이 영국을 다스리던 1830년 무렵에 이 별은 지구에서는 시리우스 다음인 두 번째로 밝게 보이는 별이었기 때문이다. 만약 현재 두 번째로 밝은 별인 카노푸스와 에타가 공존했더라면, 당시의 밤하늘은 오늘날보다 한층 더 아름다웠을 것으로 생각된다. 두 별 모두 용골자리에 속해 있으며, 용골은 비록 북반구에서는 보이지 않지만, 남반구의 하늘에서는 꽤 찬란하게 빛난다. 에타는 1843년 이래로 밝기가 이미 100배나 떨어졌음에도 불구하고, 오늘날까지도 맨눈으로 관찰할 수 있을 정

오른쪽 아래는 WR22 주변의 파노라마 사진이 위치하고 있다. 에타 카리나이는 좌측의 성운에서 가장 밝게 빛나는 별이다. 주변 성운의 먼지와 가스들이 에타의 빛으로 밝게 빛나고 있다.

도다.

에타부터 지구까지의 거리 차가 8000년인 것을 감안하면, 사실 이 별은 1830년이 아니라 신석기시대가 한창이던 기원전 6170년에 이미 쇠했다. 일반적으로 항성에게 이 정도의 시간은 매우 짧지만, 에타처럼 빠르게 변하는 별의 경우 중요할 수 있다.

에타는 두꺼운 성운에 둘러싸여 있기 때문에 내부로 향하는 길을 찾는 것이 매우 어렵다. 이 성운은 에타에서부터 시작된 것으로, 폭발적이고 매우 불안정하다. 에타 자체는 매우 아름다운 별로, 비유하자면 마치 빛나는 아령처럼 보인다. 사실 1830년에 있었던 폭발로 두 개의 돌출부와 하나의 중심추 모양을 하게 되었다.

극적이긴 하지만, 폭발 후에 에타는 상대적으로 훼손이 적었다. 에타는 진정한 거성으로 태양보다 500만 배 밝고, 질량도 100배 이상이며, 지름은 자그마치 1600만 km에 달한다. 에타는 상대적으로 조용한 주기에서도 결코 조용하지 않은 곳이다. 에타에서는 작은 폭발이 끊임없이 일어난다. 그러나 물론 모든 핵융합 에너지가 사용되고 나면, 에너지 생성이 중단되고, 결국 내향성 폭발과 거대한 외향성 폭발이 일어나게 된다. 에타는 죽을 준비를 하고 있으며, 매우 밀도 높은 작은 잔재를 제외하고는 모두 사라질 것이다. 별의 크기를 고려했을 때 이 잔재는 블랙홀이 될 가능성이 크다. 이러한 악재는 향후 100만 년 이내에 일어날 것으로 보이며, 혹은 이보다도 더 빠르게 일어날지도 모르니 주의하기 바란다.

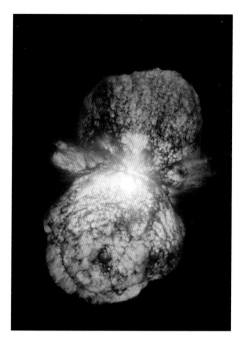

에타 카리나이는 150년 전에 큰 폭발을 겪었으며, 여전히 남반구에 밝은 별로 남아 있다. 이 별은 두 개의 거대한 돌출부와 하나의 중심추로 되어 있다.

# 별들의 군단

이제 프톨레미호를 타고 우리 은하의 주요 면을 벗어나 위쪽으로 향하자. 이제 곧 우리는 매우 다른 성질의 성단을 발견할 것이다. 이 성단 내의 별들은 플레이아데스성단처럼 단순히 흩어져 있는 것이 아니라 대칭적인 모양을 하고 있다. 이런 천체를 우리는 구상성단이라고 부른다.

구상성단은 수백만 개의 별을 포함하고 있으며, 중심부로 갈수록 보다 많은 별들이 존재한다. 우리 은하에는 이와 같은 구상성단이 100개 이상 존재하는 것으로 알려져 있으나, 이들 대부분은 우리 은하의 주요 면이 아니라 은하 헤일로 Galactic halo 라고 불리는 바깥쪽에 위치하고 있다. 이 지역에는 구상성단 외에 별다른 것이 없지만, 구상성단 그 자체만으로도 매우 눈에 띠며, 우리 은하 주 원반 주위를 천천히 돌고 있다. 이 중에서도 남쪽 끝에 위치한 오메가 센타우리 Omega Centauri 는 가장 밝은 구상성단 중 하나로 잘 알려져 있다.

오메가 센타우리는 지구에서 맨눈으로도 잘 보인다. 이 성단은 남십자성 주변에 흐릿하게 보이며, 작은 망원경으로도 바깥쪽의 별들이 반짝거리는 현상을 관찰할 수 있지만 중심부의 별들은 너무 가까이 붙어 있어 따로 분리하여 관측하기는 어렵다.

지구로부터 1만 5800광년이나 떨어져 있는 오메가 센타우리는 사실 우리와

허블 우주망원경으로 본 오메가 센타우리 중심에는 약 10만 개의 별들이 존재하는 것으로 나타났다. 이들 별의 대부분은 태양처럼 노란색을 띠며, 황혼기에 접어든 별은 주황색 그리고 적색 거성은 빨간색으로 구분된다. 흐릿한 푸른색 점들은 백색 왜성이다. 밝은 푸른색 별들은 소위 '청색 거성(blue straggler)'이라고 불리며, 다른 별들과 합쳐져 새로운 별로 재탄생하고 있는 오래된 별들이다.

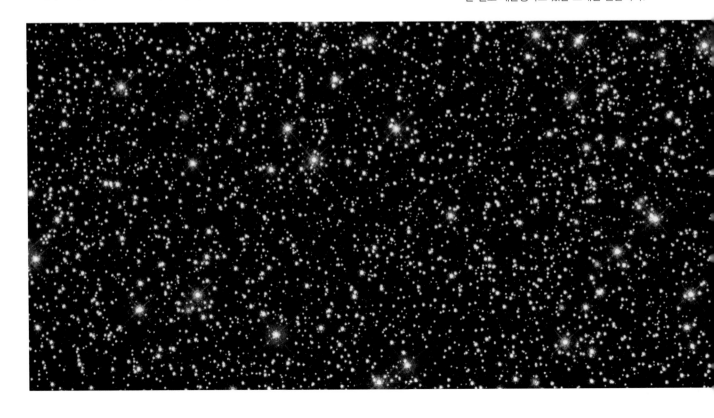

칠레의 라실라 천문대에 위치한 2.2m 구경의 막스 플랑크 망원경으로 관측한 오메가 센타우리의 모습.

가장 가까운 구상성단 중 하나다. 성단 바깥쪽에 도착해서 보니, 성단 내부는 매우 제한적인 부분만 보인다. 성단의 내부는 놀라울 정도로 밀집되어 있었다. 전체 체계는 지름이 90광년, 즉 860조 km 정도이고, 약 100만~200만 개 정도의 별이 존재했다. 중심부 별들 사이의 거리는 약 1/10광년밖에 되지 않았다. 이 정도 규모의 성단이라면 사실 별도의 은하계에 가깝다고 할 수 있다. 게다가 중심에는 블랙홀도 존재했다. 물론 이 블랙홀은 우리 은하의 중심에 존재하는 블랙홀에 비해 규모가 훨씬 작다.

주변을 둘러보니 많은 별들이 시리우스보다 밝게 빛나고, 그중 일부는 지구에서 본 달보다도 밝게 빛나고 있다. 성단 중심부에 도달하니 모든 지역이 밝게 빛난다. 이런 균일성 또한 이 성단의 매우 놀라운 광경 중 하나다. 이 별들 대부분은 같이 태어났으며, 우리는 지금 같이 진화하고 있는 별들을 보고 있는 셈이다. 이는 곧 하나의 별이 생을 마감하면, 다른 별들도 연쇄적으로 죽음을 맞이할 것이라는 의미이다.

이 별들 주변에는 행성이 존재하는가? 별들의 밀도가 높은 것으로 미루어보면 행성이 존재하기 힘들 것 같지만, 이와 비슷한 밀도를 가진 우리 은하의 중심부에서도 행성의 흔적을 찾아볼 수 있었다. 따라서 행성의 존재는 가능할 수도 있을 것으로 보인다. 그러나 이곳에 생명이 존재한다면, 우주 밖을 관측하는 일은 불가능할 것이다(이들의 시야는 엄청난 규모의 별빛으로 완전히 차단될 것이다). 아마 이들이 우주를 관측하기 위해서는 전파천문학이 필수이다. 비록 빛의 왕국인 오메가 센타우리는 매우 아름답긴 하지만, 우주의 주요 흐름에서는 조금 벗어나 있는 곳이다.

# 우주의 코르크 마개 따개

이제 다시 우리 은하의 주요 면으로 돌아와 여정을 계속하자. 우리 은하 안에는 1000억 개 이상의 별이 존재하지만, 이 중 일부만 특이성을 가진다. 이런 특이한 별 중 하나인 쌍성 SS433은 13일을 주기로 눈에 보이지 않는 무거운 천체를 중심으로 공전하고 있다.

비록 SS433의 동반성은 보이지 않지만, 이 동반성 주위에는 SS433으로부터 이동하는 물질들이 강착원반<sup>降着圓盤, accretion disk</sup>을 구성하고 있다. 이 원반은 매우 두껍고, 급격히 열을 받아 X-ray(엑스레이)로 관측하면 밝게 빛난다. 띠와 직각으로 두 개의 거대한 분출구가 존재하는데, 이곳에서 물질의 속도는 빛의 속도 1/4 이상에 달할 정도다. 이 별의 특이한 점은 그뿐만이 아니다. 이 쌍성계의 워블링<sup>wobbling</sup> 현상의 주기는 162.5일이다. 이 워블링 현상은 분출구의 모양을 흐트러뜨려, 마치 SS433 전체가 우주의 '코르크 마개 따개'처럼 보이게 한다.

이러한 현상은 보이지 않는 SS433의 동반성이 블랙홀일 경우에만 설명이 가능하다. 아마도 이 항성계는 한때 일반적인 쌍성계였다가 둘 중에 큰 별이 초신성 폭발로 생을 마감했을 것으로 보인다. 사실 중심의 천체 주위에는 초신성 폭발의 잔해들이 존재하는데, 1만 년쯤 전에 폭발이 일어났을 것으로 추측된다.

매우 커다란 별이 무너질 경우, 입자들 사이의 핵력이 붕괴를 막기에는 충분치 않아서 게성운처럼 중심부에 중성자별이 형성되지 않는다. 대신, 보다 집약적인 천체가 형성되는데(중력이 매우 강력하여 빛도 탈출하는 것이 불가능하다), 이를 블랙홀이라고 부른다.

SS433의 블랙홀 질량은 태양의 3~30배 정도 될 것이다. 이곳은 우주의 실험실 같은 장소다. 지구로부터 1만 8000광년이나 떨어진 SS433은 블랙홀 주변에 강착원반으로 물질이 빨려들어가는 과정을 관측할 수 있는 가장 가까운 곳이다. 그러나 이 원반에서 물체가 매우 빠르게 가속되는 현상 등의 물리적인 현상에 대해서는 여전히 이해가 부족하다. 이는 은하의 진화를 이해하는 데 매우 중요한 요소일 것으로 생각된다.

물질이 귀환 불능 지점, 즉 블랙홀의 '사상 수평선'을 통과하면 탈출이 불가능하다. 이 시점부터는 현재 우리가 거의 이해하지 못하고 있는, 부족한 시공간으로 넘어서게 된다. 사실 소위 '무모 이론<sup>no hair theorem</sup>'에 따르면, 블랙홀의 질량과 전하 그리고 각운동량 외에는 아무것도 알 수 없다고 한다. 사상 수평선의 크기는 블랙홀의 질량에 따라 다르다. 만약 SS433의 질량이 태양의 3배라면, 지름이 9km 정도일 것이다. 블랙홀의 밀도는 실로 엄청나다.

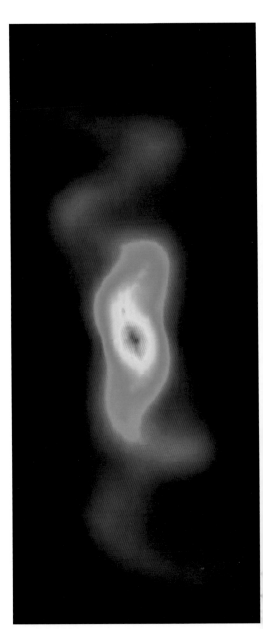

라디오파 이미지로 본 우주의 코르크 마개 따개. SS433의 블랙홀 주변에는 물질들이 빨려들어가는 분출구가 존재한다. 이 사진으로 보면 띠가 보이지 않지만, 다른 사진들에서는 식별이 가능하다.

# 미스터리 별

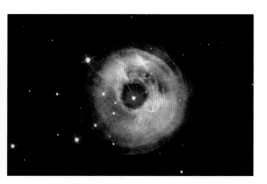

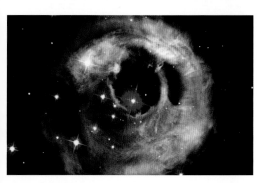

우리의 다음 목적지는 매우 아름다운 곳으로 V838 모노세로티스<sup>Monocerotis</sup>라고 불리는 천체다. 이 별은 거대한 먼지구름에 둘러싸여 있으며, 지난 2002년 지구에서 관측된 거대한 폭발 때 발생한 빛이 이 구름들을 밝히고 있다. 지난 2002년, 이곳 중심부의 어두운 적색 별이 갑자기 밝아지며 짧은 순간에 태양의 100만 배에 가까운 빛을 내뿜었다. 이 빛은 약 두 달 동안 지속되었으며 이후 급격하게 식어 파랗고 뜨거운 별에서 오늘날과 같은 어두운 적색성이 되었다.

이 같은 현상은 상대적으로 드물다. 우리는 별의 폭발을 여럿 보아왔다. 라틴어로 '노바<sup>novae</sup>'는 새로운 별을 의미하며, 옛사람들에겐 이러한 현상이 새로운 별이 폭발하는 것처럼 보여 신성 폭발이라는 이름이 붙게 되었다. 그러나 V838은 이 중에서도 매우 드문 경우로, V838은 '적색 신성'이라는 새로운 분류의 별로 구분되며, 우리 은하뿐만 아니라 외계 은하에서도 일부 발견되고 있다.

이처럼 V838은 희귀하기 때문에 매력적인 연구 대상이기도 하다. 당시 폭발은 여전히 밖으로 뻗어나가고 있으며, 주변의 어두운 먼지구름들을 밝혀주어 특이한 외관을 부여한다. 허블 우주망원경은 이 '빛의 메아리'를 추적해왔고, 천문학자들은 이 빛들에 대한 연구를 계속해왔다. 이 연구를 복잡하게 하는 요소는 바로 밝은 동반성의 존재다. 이 동반성 역시 주변의 물질들을 밝히지만, 때때로 동반성의 빛은 밀집된 먼지구름 때문에 막히기도 한다. 사실 프톨레미호에서만 보더라도 신성 폭발 때 생겨난 먼지구름들로 인해 동반성을 찾기가 힘들다. 그런 까닭에 V838의 역사의 실마리를 풀어가는 일은 다소 시간이 걸릴 것으로 보인다.

그러나 이야기의 흐름은 어느 정도 예상된다. 이 빛의 메아리의 특성을 조사한 결과, 별의 내부에서 비롯되는 일반적인 신성 폭발의 원인과는 다른 것으로 보인다. 천문학자들은 V838 주변에 있던 세 번째 별이 중력에 의해 당겨지면서 충돌을 일으킨 것으로 보고 있다. 이러한 별들의 충돌은 매우 드문 일이다. 일반적으로 항성 간의 거리는 매우 멀기 때문에 이 같은 충돌을 기대하기 힘들고, 쌍성의 경우에도 대개 안정적인 궤도를 유지한다. 그러나 별들의 충돌이 일어날 경우, V838처럼 엄청난 사건을 일으키며 오늘날처럼 아름답고 매우 독특한 결과물을 남기는 것으로 보인다.

별의 폭발로 인한 빛의 반향을 표현한 그림. 별에서 분출되는 빛이 우주로 퍼져나가며 주변의 먼지들에 반사되어 중심부의 별이 다양한 색으로 보인다.

한때 인간은 오만하게 지구가 우주의 중심이라고 믿었으며, 태양이 은하의 중심이라고 믿기도 했다. 18세기 윌리엄 허셜은 우리가 별들로 구성된 집단의 원반 안에 있는 하나의 별에 불과하다 주장했고, 1918년 할로 섀플리는 우리가 이 원반의 중심에 결코 가깝지 않음을 깨달았다. 우리 은하의 진정한 중심은 지구로부터 2만 7000여 광년 떨어져 있는 궁수자리 성좌의 항성운에 위치한다. 전체 은하는 이 중심을 기준으로 공전하며, 태양의 공전주기는 약 2억 2500만 년이다. 이 공전주기를 우주년이라고 부른다. 1우주년 전에 지구에는 공룡들이 살았었다.

우리 은하의 중심으로 여행하는 데 한 가지 문제점은 중간의 여러 물질들 때문에 목적지가 지구에서 잘 보이지 않는다는 점이다. 이 지역은 가시광선, 자외선 그리고 저에너지 X-선을 차단한다. 그러나 고에너지 X-선, 감마선, 적외선, 라디오파를 이용하면 이곳에 무엇이 존재하는지에 대한 윤곽을 잡을 수 있다.

NASA에서 허블 우주망원경의 근적외선으로 촬영한 사진과 스피처 우주망원경의 적외선으로 촬영한 사진 그리고 찬드라 X-선 망원경의 사진을 합쳐 만든 사진.

이곳에는 성운들이 소용돌이를 이루고 있으며, 안으로 가까이 갈수록 먼지구름들이 더욱 두꺼워지고, 더 많은 별들이 빽빽하게 존재한다. 방금 지난 곳은 아르케스 성단Arches cluster이며, 150개의 뜨겁고 밝은 푸른 별이 주를 이루고 있다. 아마도 이 별들은 머지않아 초신성 폭발을 일으킬 것으로 보인다. 이곳에서 멀지 않은 곳에는 다섯쌍둥이 성단도 존재한다. 이제 우리는 은하의 중심까지 약 100광년 정도밖에 남지 않았으며, 이곳에서만 보아도 많은 별들이 엄청난 속도로 공전하고 있는 것이 눈에 들어온다.

마지막으로 몇 개의 별들을 지나치자, 거대한 블랙홀과 주변에 무서운 속도로 회전하는 물질들이 눈에 들어온다. 이 블랙홀은 태양보다 질량이 300만 배나 크다. 이 거대한 괴물과 같은 천체가 바로 우리 은하의 중심이며, 근처에 접근하는 모든 물질을 빨아들인다. 몇 년 전에는 지구 질량의 3배에 달하는 먼지들이 이곳으로 빨려들어가는 것이 포착되었다. 이 먼지 덩어리는 지난 2013년에 사상 수평선의 지름보다 3000배나 먼 곳에서부터 찢어졌을 것으로 보인다. 때로 이 지역을 통과하는 별들은 매우 빠른 속도로 회전하고 있어서 블랙홀에 끌려들어가지 않지만, 이 먼지구름은 운이 없던 것으로 보인다.

그러나 우리 은하의 중심은 때때로 지나는 먼지구름들을 잡아먹는 것 외에는 꽤 조용한 편이다. 블랙홀로 빨려들어가는 물질들이 종종 플레어를 일으키기도 하지만, 우리 은하의 블랙홀은 꽤 점잖아 나머지 은하들이 조용히 지낼 수 있게 해주는 편이라고 할 수 있다. 주기적인 궤도를 가진 별들이라면 블랙홀로 빨려들어갈 위험이 없지만, 우리가 탑승한 프톨레미호는 좀 더 가까이 가면 블랙홀로 빨려들어갈 위험이 있기 때문에 이제 우리 은하를 벗어나 외계 은하로 향하겠다.

우리 은하의 중심을 적외선으로 촬영하면 보다 깊은 곳까지 확인할 수 있다. 적외선으로 보면 먼지구름들과 성단들이 눈에 들어온다.

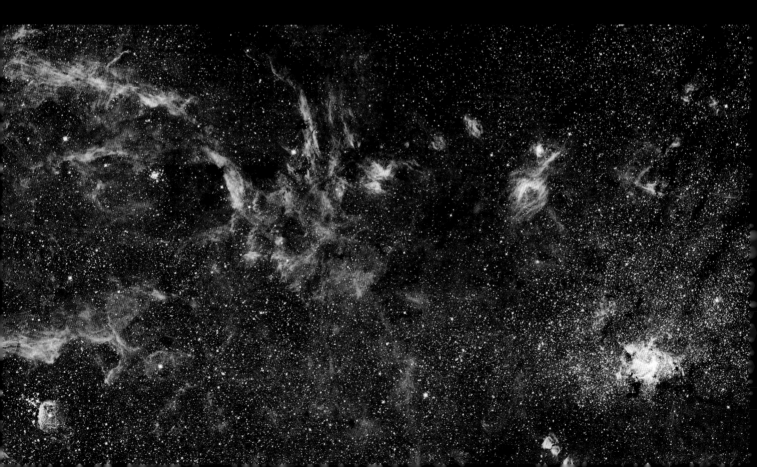

# 더 밀키 웨이

우리 은하 내의 여행은 주요 명소만 돌아보는 짧은 여정이었다. 이제는 잠시 쉬면서 그동안의 여정을 돌아볼 때인 듯싶다. 현재 우리는 우리 은하 위쪽 상단으로 이동해왔다. 이곳에서는 우리 은하 전체 구조를 발아래로 내려다볼 수 있다.

천문학자들에게는 우리 은하의 구조를 추정하는 것이 매우 어려운 일이었다. 은하의 주요 면에 속해 있어 다른 각도에서 우리 은하를 관찰할 수 없기 때문이었다. 18세기 윌리엄 허셜 때부터 계속 진행되어왔던 연구 결과도 시간이 지남에 따라 개선되어왔다. 허셜은 모든 별의 밝기가 같을 것이라는 막연한 가정을 했기 때문에 별의 겉보기 밝기를 기준으로 별의 거리를 측정하는 오류를 범했으며, 태양이 우리 은하의 중심에 존재한다는 잘못된 결론을 내렸다. 그러나 이후 과학자들은 연구를 개선하여 실제 우리 은하에 근접한 그림에 도달할 수 있었다.

우리 은하의 구조는 별이 형성되는 주요 면과 나선팔<sup>spiral arm</sup>, 오래된 별들이 위치하는 중심의 노란색 벌지<sup>bulge</sup> 부분으로 나뉜다. 노란색 벌지 부분은 마치 달걀 노른자처럼 보일 수 있는데, 이는 사실 나쁘지 않은 비유다. 달걀에 빗대어 표현하자면, 우리 은하는 두 개의 달걀 프라이가 서로 등을 맞대고 있는 형상에 가깝다.

우리가 조금 전에 방문했던 우리 은하의 핵은 마치 긴 축과 같으며, 양 축의 끝에서부터 두 개의 거대한 나선팔이 형성된다. 나선팔의 이름은 지구에서 페르세우스자리와 방패-궁수자리로 불린다불리는 별자리다.

또 다른 두 개의 작은 나선팔은 주요 나선팔 사이에 존재하며, 주요 나선팔은

오른쪽 위   닉 스지마넥이 라 팔마 섬에서 촬영한 지구에서 보이는 우리 은하의 모습.

오른쪽 아래   스피처 우주망원경의 적외선으로 본 우리 은하의 모습. 25억 픽셀의 해상도와 360도 모자이크 기법으로 촬영한 이 사진은 우리 은하의 극히 일부만 보여주고 있을 뿐이다. 그것은 마치 우리를 둘러싸고 있는 벨트와도 같다. 우리 은하의 중심은 0/360에 존재한다.

거대한 나선은하인 NGC 6744는 우리 은하의 모습과 매우 유사할 것이다.

오래된 별과 새로운 별들이 밀집해 있는 반면에, 작은 나선팔은 주로 성간 가스로 이루어져 있으며, 최근에 이곳에서 별이 형성되고 있다. 조금 어렵긴 하지만, 태양의 이웃 지역도 찾아볼 수 있다. 태양계는 주요 나선팔이 아니라 궁수자리와 페르세우스 팔과 접한 오리온 팔에 속해 있다. 또한 다른 작은 팔과도 맞닿아 있으나, 아직까지 이 팔이 영구적인 것인지 혹은 한시적인 것인지가 확실하지 않아 단정 짓기는 힘들다.

우리 은하는 매우 아름다운 곳이며, 프톨레미호에서 우주의 검은 바탕과 대조해보니, 마치 '섬우주'처럼 보인다. 현재 우리가 보고 있는 것은 전체의 일부에 지나지 않는다. 우주년 단위로 회전하고 있는 우리 은하는 인간의 기준에서는 무척 느린 것처럼 느껴지지만, 우주의 기준에서는 매우 빨라서 중력으로 천체들을 잡아두기가 매우 어렵다. 사실 컴퓨터 시뮬레이션을 해보니, 우리 은하는 수백만 년이 채 지나지 않아 모두 흩어질 것처럼 보였다. 그러나 실제로 이 같은 현상이 일어나지 않는 것으로 보아, 그 무언가가 우리 은하를 붙잡아두고 있는 것이라고 밖에는 설명할 수 없다. 우리는 이 신비한 물질을 '암흑 물질'이라고 부른다.

아마 이 물질은 매우 무거운 입자이며, 빛과 상호작용을 하지 않을 것이다(그리고 중력 외에는 일반 물질과도 거의 상호작용이 없을 것이다). 우주의 5/6 정도는 암흑 물질로 구성되어 있을 것이다. 눈에 보이는 우리 은하는 빙산의 일각에 불과한 것이다.

암흑 물질은 일반 물질처럼 띠를 구성하지는 않지만, 우리 은하의 주요 면에 거대한 빈 공간을 채우고 있다. 암흑 물질의 중력은 우리 은하의 구조를 유지해주고 있으며, 아마 우리 은하가 처음 생겨날 때 일조했을 것으로 보인다. 만약 우리의 가정이 옳다면, 스위스 제네바의 거대강입자가속기<sup>LHC, Large Hadron Collider</sup>의 실험을 통해 암흑 물질의 성질에 대해 분석할 수 있을 것이다. 그때까지는 암흑 물질이 우주에 존재할 것이라고 추론하는 수밖에 없다.

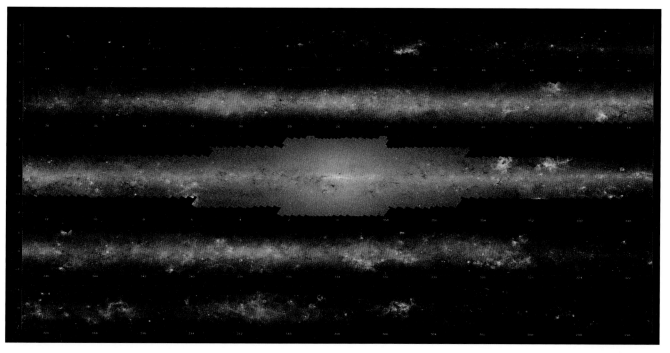

# 우리 은하의 동반운

우리 은하를 떠날 때가 되었다. 이제 우리 은하의 구상 성단들을 뒤로 하고, 지구로부터 200만 광년 정도 떨어져 있는 안드로메다의 나선팔을 향해 이동하겠다. 하지만 안드로메다로 가는 도중에, 우리 은하의 이웃인 두 개의 마젤란운 Magellanic Clouds을 먼저 방문해보겠다.

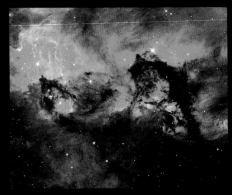

그림 오른쪽의 먼지와 가스로 구성된 암흑운은 독거미 성운의 일부로, 마치 해마를 연상케 한다. 그러나 사실 이곳에서는 새로운 별들이 형성되고 있다.

우주의 검은 배경에 비추어보면, 두 개의 마젤란운이 마치 은하수의 연장선처럼 보인다. 밤하늘에서 매우 밝게 빛나는 이들은 이미 오래전에 발견된 것으로 보인다. 그러나 마젤란운에 대한 공식 기록은 1519년부터 1522년까지 페르디난드 마젤란의 세계 일주의 선원이었던 안토니오 피가파타Antonio Pigafatta가 처음 남긴 것으로 보인다. 공평성을 따지면 피가파타운으로 이름을 붙여야 하지만, 어찌 되었던 간에 두 마젤란운은 우리 은하의 위성 은하다. 마치 달이 지구의 위성인 것처럼 말이다.

대마젤란운은 지구로부터 16만 광년이나 떨어져 있다. 우리 은하 주위를 공전하고 있지만, 대마젤란운 그 자체로도 하나의 은하이며 일반 은하의 1/10 정도 규모의 체계를 구성하고 있다. 대마젤란운은 우리 은하처럼 회전 폭죽을 연상시키지는 않지만, 다소 불분명한 중심부의 막대를 기준으로 작은 팔들을 가지고 있다. 대마젤란운은 우리 은하 주위를 공전하며 때때로 혼란을 일으키기도 한다. 지난 40억 년간 대마젤란운의 궤도를 시뮬레이션해보면, 대마젤란운이 우리 은하에 근접할 때 우리 은하의 일부 물질들이 떨어져 나가는 현상을 보였다. 물론 우리 은하는 너무나 거대해서 이런 혼란에 큰 영향을 받지 않는 것처럼 보인다.

오른쪽 스피처 우주망원경의 적외선으로 본 대마젤란운은 약 100만 개의 천체를 가지고 있는 것으로 나타났다.

대마젤란운의 특이한 점이라고 한다면 최근에 가장자리 부근에서 일어난 초신성 폭발이다. 그럼 초신성 폭발이 일어난 장소로 이동해보자.

대마젤란운은 오래된 적색성들로 된 중심 막대와 어린 푸른 별들의 구름 그리고 위쪽에 밝은 붉은색의 신성이 형성되는 지역으로 구성된다.

# 현세대의 가장 큰 폭발

대마젤란운의 별들 중에서 특히 눈여겨볼 것은 별의 잔재다. 이 작은 은하의 성운들의 소용돌이 중에는 거대한 고리들이 존재하는데, 고리들의 너비는 수천 광년에 달할 정도다.

이는 16만 년 전에 청색 초거성의 초신성 폭발로 생겨난 현상이다. 이 폭발로 인한 빛은 1987년에나 지구에 도달했으며, 망원경이 발명된 이래 발견된 가장 가까운 초신성 폭발로 기록되었다. 이 때문에 천문학의 역사에서 가장 관심 받는 연구 주제로 자리 잡았다 해도 과언이 아니다.

천문학자들은 초신성 폭발 자체에서 발생한 빛뿐만 아니라, 초기 폭발 단계에서 방출된 중성미자라 불리는 입자들도 감지했다. 이들을 분석한 결과, 초신성 폭발의 모체가 된 별은 청색 초거성이었던 것으로 확인되었다. SN1987A는 거대한 별이 붕괴할 때 초신성 폭발이 일어난다는 가설을 입증해주는 중요한 근거 자료가 되었다.

이미 여러분도 예상하고 있겠지만, 거대한 초신성 폭발은 주변에 커다란 영향을 미친다. 비록 초신성 폭발 자체는 사라진 지 오래지만, 당시의 충격이 남긴 흔적들은 여전히 우주로 뻗어나가고 있다. 지금은 흐릿해졌으나, 초기에만 하더라도 허블 우주망원경으로 관측하면 초신성 폭발의 충격이 지나간 자리의 주변 물질들은 마치 진주처럼 빛나는 것을 볼 수 있었다. 폭발 이전에도 이미 요란한 흔적들이 다분했다. 별의 바깥쪽을 감싸고 있던 물질 고리들은 초신성 폭발이 일어나기 수만 년 전에 이미 방출되었으나, 초신성 폭발로 인해 더 급격히 변하게 되었다.

초신성 폭발은 성간 물질을 어지럽히므로, 1987A는 새로운 별 형성의 시발점이 될 수도 있다. 물론 새로운 별이 생성되는 과정은 수백만 년이 걸릴 수도 있다.

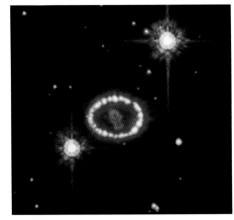

우주의 진주 목걸이. 밝게 빛나는 목걸이의 모습은 초신성 폭발 이전에 방출된 물질들이 폭발 당시 생겨난 충격파와 부딪치면서 만들어졌다.

허블 우주망원경으로 본 대마젤란운 내의 SN1987A.

초신성 폭발 이전과 이후의 대마젤란운. 오른쪽 그림을 보면 중심에서 왼쪽 상단에 밝게 빛나는 것이 독거미 성운이다.

# 더 서드 시스터

스피처 우주망원경으로 본 소마젤란운.

광시야각으로 본 소마젤란운에는 새롭게 형성된 많은 별들의 모습이 보인다.

우리 은하와 상호작용하는 은하는 대마젤란운뿐만 아니라 소마젤란운도 있다. 소마젤란운은 대마젤란운과 비슷한 궤도를 지니지만, 현재는 대마젤란운보다 지구에서 멀리 떨어져 있다. 두 은하는 25억 년 동안 비슷한 운명을 겪었으며, 두 왜소 은하 간의 상호작용은 별들과 성간 먼지들의 흔적으로 남아 있다. 이러한 우주의 물질 교환은 은하 간 합병의 중요성을 일깨워주는 중요한 지표이다.

우리가 기대하듯, 우리의 이웃인 불규칙 왜소 은하들 안에는 다양한 종류의 별과 성단이 존재한다. 소마젤란운 안에서 가장 밝은 별이 형성되는 지역은 NGC 346이고, 너비는 약 200광년 정도 된다. NGC 346은 산개성단으로, 성단 내의 별들이 같은 성운에서 비롯되었음을 알려준다. 지금도 새로운 별들이 주변 성운과 결합하여 생겨나고 있다.

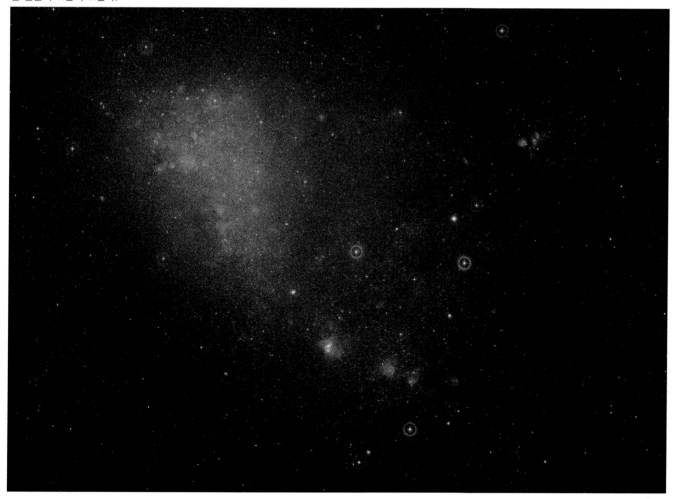

# 방랑자와의 만남

　이제 드디어 안드로메다은하의 나선팔을 향해 나아갈 차례가 되었다. 우리는 지구로부터 자그마치 250만 광년이나 이동해야 한다. 우리는 이미 우리 은하를 벗어났으며, 한동안 프톨레미호 창 너머로 별다른 광경을 볼 수 없을 것 같았다. 그러나 기대치 않게 이곳에 성단이 있는 것을 발견했다. 그것은 은하의 경계에 존재하는 구상성단으로, 우리 은하 가장자리에서 보았던 성단과 매우 흡사하다. 하지만 우리 은하에서 완전히 벗어나 있으며 지구로부터의 거리는 30만 광년이나 된다.

　이 성단은 지구에서 보면 거리가 너무 멀어 그다지 빛이 나지 않는다. 그러나 이곳에 도달하여 보니 일반 성단과 크게 다를 것이 없다. 다른 성단에 비해 딱히 크거나 작지 않으며, 너비는 약 520광년 정도 되는 이 성단은 카탈로그 번호인 NGC 2419로 알려져 있다. '은하계 사이의 방랑자'로 불리기도 하는 이 성단은 우리 은하 주위를 돌고 있긴 하지만, 공전주기는 약 30억 년에 가깝다.

　지구에서 이 성단까지의 거리는 너무 멀기 때문에 지구에서 연구하는 일은 매우 어렵다. 아마 이 성단은 현 위치에서 자체적으로 생겨나지는 않았을 것으로 보이며, 다른 은하의 잔재가 우리 은하에 근접했다가 우리 은하의 중력에 끌려왔을 것으로 보인다. 은하계 사이에는 이런 작은 방랑자들이 더 있을지도 모른다. 그러나 아마 많지는 않을 것이며, 대부분의 은하계 사이의 공간에 별다른 것이 존재하지 않음을 감안할 때, NGC 2419와 맞닥뜨린 것은 행운이라 할 수 있겠다.

오른쪽　스바루 우주망원경으로 관측한 구상성단 NGC 2419.

허블 우주망원경으로 본 NGC 2419.

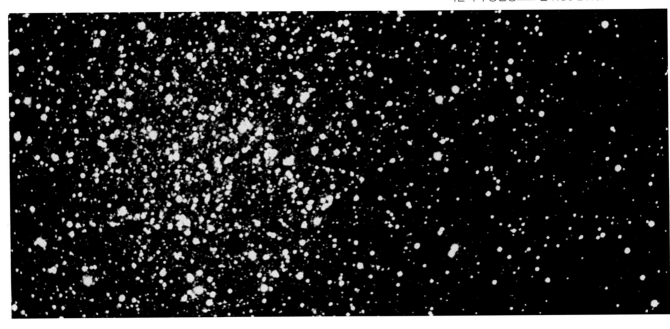

우리 은하의 이웃인 안드로메다은하는 한때 우리 은하보다 질량도 크고 천체도 많을 것으로 생각되었다. 하지만 현재는 두 은하의 질량은 엇비슷하나, 안드로메다은하 M31에 속한 별들이 더 많을 것으로 보고 있다. 안드로메다은하의 전체 구조는 우리 은하와 거의 비슷하다. 두 은하 모두 나선은하이며, 여러 개의 구상성단을 보유하고 있다. 또 M31 역시 중앙에 거대한 블랙홀이 존재하며, 우리 은하 중심의 블랙홀처럼 잠잠한 편이다.

이제 우리는 지구로부터 약 200만 년 정도 떨어져 있지만, 이곳에서도 여전히 변광성들을 포함하여 우리 은하 내의 여러 별들이 눈에 잘 들어온다. 사실 안드로메다은하는 우리 은하에 접근하고 있으며, 두 은하는 수십억 년 내에 충돌할 것으로 보인다. 이 충돌은 우리 은하와 대마젤란운 및 소마젤란운의 상호작용을 훨씬 뛰어넘는 규모로 이루어질 것으로 보이며, 이로 인해 거대한 하나의 은하가 탄생할 것으로 보고 있다. 이렇게 되면 아마 무수히 많은 별들이 새롭게 태어날 것이다. 은하 간의 충돌은 이전에도 사례가 있었다. 안드로메다은하 중심에 존재하는 두 개의 핵으로 미루어볼 때, 아마도 안드로메다은하도 다른 은하와의 합병을 통해 생겨난 것이 아닐까 추측된다. 또 한편에서는 안드로메다은하가 국부은하군의 세 번째 주요 은하인 M33과 상호작용을 시작했다고 주장하는 이들도 있다. 이들은 수백만 광년이나 떨어진 안드로메다의 별들을 대상으로 두 은하 간의 상호작용 연구에 많은 노력을 기울이고 있다.

안드로메다은하의 과거가 무엇이었든 간에, 이 은하는 현재 급격한 변화를 겪고 있는 것처럼 보인다. 앞서 설명했듯, 안드로메다은하는 우리 은하처럼 나선팔을 가지고 있다. 이 나선팔은 우리 은하의 나선팔보다 더 단단하게 감겨 있다. 그러나 적외선으로 안드로메다은하를 보면, 주를 이루는 것은 나선팔이 아니라 여러 겹의 가스와 먼지 고리들이다. 특히 한 고리가 매우 두드러지는데, 반경이 약 3만 광년이나 된다. 이는 태양에서 우리 은하 중심까지의 거리와 같다. 만약 이 같은 구조가 오늘날 안드로메다은하의 별의 형성을 나타낸다면, 나선팔의 밝고 푸른 별들이 죽고, 고리 주변에 새로운 별들이 생겨남에 따라 은하의 모양이 바뀌어 나갈 것이다.

안드로메다은하의 원반은 비뚤어져 있는데, 최근에 무언가 방해 현상이 있었을 것으로 보인다. 만약 그렇다면, 이는 최근 안드로메다은하와 주변 위성 은하들과의 상호작용의 결과라고 주장할 수 있을 듯하다. 이들 중 M32와 같은 일부 거대한 은하는 개별 은하로 분류될 수도 있을 만큼 매우 크다. 이제 더 깊은 우주

안드로메다은하는 어두운 곳에서도 맨눈으로 관측이 가능하다. 이 사진은 칠레의 라실라 관측소에서 세르주 브루니에(Serge Brunier(佛))가 촬영했다.

오른쪽 지구에서 그레그 파커가 그린 안드로메다은하 M31. 자매 은하인 M32는 M31 오른편에 있다.

# 은하계의 갱단

국부은하군에는 안드로메다은하와 우리 은하 말고도 다른 은하들이 존재한다. 이 중에는 우리가 반드시 방문해야 할 은하가 있다. 이 은하의 이름은 삼각형자리 은하 M33으로, 약 400억 개의 별을 포함하고 있다. 이웃한 M31이나 우리 은하보다 작은 규모이지만, 여전히 아름다운 나선은하 구조를 띠고 있다. M33은 안드로메다은하와 달리, 지구에서 관측하기 좋은 각도에 위치해 있다. 또 우리 은하와 마찬가지로 나선은하 중심에 핵이 존재하지만, 막대 모양은 아니다. 이 같은 형태는 (막대 모양이 별의 형성을 촉진하거나 방해하는 역할을 하므로) 은하의 구조에 깊은 영향을 미친다.

M33 중심의 블랙홀은 다소 작지만, 최고 기록을 하나 가지고 있다. X선 관측을 통해 발견된 M33 X-7은 태양의 14배에 달하는 질량을 가진 블랙홀이며, 이는 항성 질량 규모의 블랙홀(태양의 수백만 배에 달하는 대규모 블랙홀들을 제외한 카테고리) 중에서 가장 크다.

왼쪽 하단에 보이는 왜소 타원형 은하 NGC 205는 M31의 또 하나의 동반은하다. M31은 오른쪽 구석에 부분적으로 보인다.

스피처 우주망원경의 적외선으로 본 삼각형자리 은하 M33.

# 담배 한 대 피워보시겠습니까?

스피처 우주망원경의 적외선으로 본 M82.

몇몇 은하들은 우리의 방문을 위해 마치 쇼를 보여주고 있는 듯한 모습이다. 그중 하나가 바로 우리의 다음 행선지인 M82 은하다. M82는 마치 은하철도 사고와 우주의 불꽃놀이가 한데 어우러진 듯한 모습이다. 이 은하는 한때 일반적인 나선은하였으나, 현재는 은하의 중심에서 초속 200km에 달하는 강력한 바람이 불어와 가스들을 위 아래로 날려 보내고 있다.

우리는 어디서부터 이 같은 현상이 시작되었는지 아직 알지 못한다. 아마 거대한 별의 형성이나, 혹은 이웃한 M81 은하와의 상호작용 때문일지도 모른다. 어찌 되었든 M82의 분출 현상은 다양한 크기의 별들의 형성을 촉진하며, 이 중에는 머지않아 초신성 폭발로 이어질 거성들도 있다. 만약 초신성 폭발이 일어나게 된다면, 계속해서 은하 내의 물질들을 밖으로 흘려보낼 만큼의 풍력을 만들어낼 수 있을지는 분명치 않지만, 은하계 디스크 주변에 성단의 형성을 촉진하는 데에는 일조할 것으로 보인다. 현재 이 은하에는 200개 이상의 성단이 존재하며, 전체 별의 형성 속도는 최소 우리 은하의 10배에 달할 것으로 보인다. 그렇다면 M82는 얼마나 특이한 은하인가? 사실 우리는 M82의 불꽃놀이 같은 외관이 얼마나 오래 지속될지 알 수 없으므로, 이에 대한 정확한 대답은 어렵다. 이러한 은하는 우주에 유일한 은하일 수도 있고, 어쩌면 은하가 죽음을 맞기 전에 겪는 하나의 과정일지도 모른다.

무엇이 되었든 간에 현재는 이 아름다운 현상을 볼 수 있다는 데 만족하자.

허블 우주망원경의 4색상 필터는 적외선과 가시광선 모두를 조합한 그림을 보여준다.

# 소용돌이 은하

보다 깊은 우주로 들어가면 매우 아름다운 은하를 만날 수 있다. 은하의 카탈로그 번호는 M51이지만, 멀리서 봐도 외관으로 알 수 있듯, 소용돌이 은하로 더 잘 알려져 있다. 이 은하는 '위대한 설계'의 소용돌이로, 가스와 항성들로 된 긴 팔과 작은 팔들이 서로 연결되어 있는 모양이다. 약 50억 년 전, 한쪽의 작은 은하가 보다 큰 은하에 합병되기 시작하면서 이와 같은 나선팔이 만들어졌을 것으로 보고 있다. 이후 5억~10억 년 전쯤 추가의 변화를 겪었던 것으로 보인다.

소용돌이 은하와 같은 은하의 나선팔은 일반적으로 나타나는 물리적 특징이 아니다. 이 은하의 나선팔은 은하 중심을 기준으로 회전하고 있으나, 나선팔의 항성들은 자신만의 경로를 따라 중심으로 이동하며 경우에 따라 나선팔 안으로 들어오거나 나가기도 한다. 은하의 나선팔 내의 항성들의 이동은 마치 고속도로의 교통 체증 현상과 유사하다. 고속도로의 차들은 체증이 시작되는 지점에서는 천천히 이동하다가, 일정 구간을 지나 체증이 풀리면 다시 빠르게 이동하게 된다. 그러나 교통 체증은 새로운 차들이 계속해서 구간에 들어서면서 지속된다. 우리 은하에서도 이 같은 현상이 일어난다. 태양의 경우, 여러 번에 걸쳐 나선팔을 지나갔을 것으로 보이며, 이 시기는 지구에서 공룡의 대멸종 등과도 연관이 있을 것으로 보인다. 물론 이러한 가설은 현재까지 입증되지 않았다. 다만 은하의 나선팔의 움직임에 대해서는 충분히 검증된 것으로 보인다.

소용돌이 은하는 주변 은하와의 상호작용으로 인해, 별이 형성되는 데 독특한 패턴을 갖게 되었다. 나선팔 내에서 별이 형성되는 다른 나선은하와 달리, 중심부에서 1만 광년 정도 떨어진 지점에서 아주 빠르게 별이 형성되고 있는 것으로 보이며 매년 태양의 4배에 달하는 별이 적어도 한 개 이상 생성되는 듯하다. 이는 우리 은하 전체에서 항성이 생성되는 빈도를 상회한다. 아마 이 은하는 중심부가 아직 형성되고 있는 과정이거나, 혹은 이런 급격한 별의 형성이 전체 은하 구조에 거의 영향을 미치지 않을지도 모른다. 어찌 되었든 간에, 앞으로 수십억 년에 걸쳐 이 은하가 변화할 과정은 매우 흥미로운 일이 될 것이다.

왼쪽에 소용돌이 은하 NGC 5194이 오른쪽에 동반 은하 NGC 5195이 있다. NGC 5195는 소용돌이 은하의 뒤쪽으로 지나고 있는 것으로 보인다. 허블 우주망원경으로 촬영한 사진.

오른쪽 위 허블 우주망원경의 적외선 모드로 본 소용돌이은하. 가시광선에서는 구름에 가려 보이지 않던 새로운 별들이 여럿 보인다.

오른쪽 아래 허블 우주망원경의 가시광선으로 본 소용돌이은하.

# 충돌하는 은하

　은하 간의 긴 우주여행을 처음 시작할 때, 우리는 안드로메다은하와 우리 은하가 충돌 궤도에 있는 것을 보았다. 은하 간의 이러한 병합 현상은 흔하게 나타난다. M33은 과거에 안드로메다은하와 충돌했을 가능성이 있으며, M82의 잔해도 충돌한 흔적을 보여주었다. 이제 방문할 안테나 은하는 우리 은하의 미래를 엿볼 수 있게 해줄 것이다.

　안테나 은하는 다섯 개의 다른 은하와 더불어 은하군을 형성하며, 이 중 두 개의 은하는 중심핵이 충돌한 주변에 별들이 길게 늘어서 있는 형상을 띤다. 한때는 각각 별개의 은하였던 두 은하의 충돌은 수십억 년 전부터 일어났고, 실질적인 충돌은 약 1억 년 전부터 시작되었을 것으로 보인다. 이들의 합병 현상은 대부분의 은하가 합쳐지는 경우처럼 항성 간에 충돌은 없었을 것으로 보인다. 은하가 합쳐지더라도 항성 간의 거리는 아주 멀기 때문에 항성 간의 충돌 현상은 매우 드물다. 그러나 성간 가스 간의 충돌은 발생할 수 있다. 성간 가스가 충돌하면 새로운 별의 형성이 촉진된다.

　오늘날 두 은하의 중심에 위치한 초은하단 안의 뜨겁고 밀집된 새로운 별들은 눈에 잘 띈다. 이 초은하단 대부분은 오래 지속되지 않을 것이다. 이 중 90%는 천만년을 넘기지 못하고 흩어질 것이다. 이 과정에서 은하 간의 합병 현상은 은하 안에 별들을 분배하는 역할을 해줄 것이다. 이렇게 하여 아마도 안테나 은하는 타원은하 형태로 자리 잡게 될 것이다. 가장 큰 성단은 추측건대 구상성단이 될 가능성이 높고, 은하 내에 빈 공간으로 퍼져나갈 것으로 보인다.

　항성 간의 중력 상호작용은 흔하게 나타날 것이며, 물질이 질량중심에서 멀어질수록 길고 뚜렷한 꼬리를 만들게 될 것이다. 이 물질들은 새로운 중력 체계의 영향을 받아 영향권 내에 존재할 것이다. 이와 같은 은하의 거대 합병 현상은 거대한 은하에선 빈번하게 일어나는 일이며, 아마도 수십억 년에 한 번꼴로 일어날 것으로 보인다. 이러한 합병 현상은 오늘날 우주의 가장 큰 은하들을 형성하는 데 크게 기여하고 있다. 은하 간의 합병은 정밀한 시뮬레이션을 통해서도 알아볼 수 있는데, 여러 가지 변수들을 요한다. 은하의 접근 속도, 접근 각도, 은하의 외형, 상대적 크기 등은 모두 중요한 변수다.

　안테나 은하의 경우, 두 나선은하의 충돌로 발생했을 것이다. 모든 은하의 합병이 안테나 은하와 같은 별의 형성을 촉진하는 것은 아니다. 타원은하와 같이 보다 진화된 은하 간의 충돌은 단지 두 개의 오래된 적색 은하의 합병이며, 별다른 새로운 별 탄생의 촉진 현상이 일어나지 않는다.

지구에서 촬영한 안테나 은하의 합병 현상.

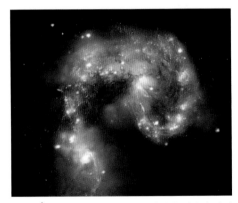

ALMA* 우주망원경의 밀리미터 파장과 허블의 가시광선 및 적외선 촬영을 합친 영상.

---

* A the Atacama Large Millimeter/sub-millimeter Array of radio telescope(ALMA). 칠레의 아타카마 사막에 위치함.

# 별들의 도시

M87 타원형 은하의 외관 중 가장 놀라운 것은 은하 중심부에 있는 블랙홀의 힘을 받아 빛에 가까운 속도로 제트 분출되는 전자와 다른 아원자 입자들이다.

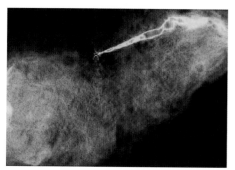

극대 배열 전파망원경의 라디오파로 본 M87의 제트 분출.

여태까지 우리는 여러 개의 작은 은하군을 방문했다. 각 은하군은 여러 개의 큰 은하와 작은 은하들로 구성되어 있었다. 그리고 이런 은하군 위에는 은하단이 존재한다. 현재 우리는 은하단 중 가장 큰 부류에 속하는 처녀자리 은하단의 변두리 지역을 지나고 있다. 은하들이 보다 밀집되면, 은하들 간의 합병 현상이 좀 더 빈번히 일어난다. 현재 우리가 지나고 있는 은하들 대부분은 붉고, 이미 수명을 다한 타원형 은하다. 이 은하들은 잦은 충돌로 인해, 별의 형성에 필수 요소인 성간 가스들을 소진했다. 이런 은하 중 가장 큰 것은 M87로 처녀자리 은하단이라는 거대한 미로의 중심에 위치하고 있다.

M87에 대한 것은 모두 놀랍기 그지없다. 우선 먼저 보이는 구상성단부터 시작해보자. 이 은하에는 1만 2000개 이상의 구상성단이 존재하는데, 우리 은하의 구상성단 수는 고작 수백 개에 불과하다. M87의 구상성단 내의 항성 수만 고려하더라도, 우리 은하 전체의 항성 수와 비슷할 것으로 추측된다.

M87 은하의 질량은 우리 은하의 200배에 달하고, 약 1조 개의 별이 존재할 것으로 보인다. 또한 다른 작은 은하들에서 나타나는 줄무늬 모양이 거의 보이지 않을 정도로 완전한 구체를 띠며 지난 수백억년 동안 매우 커져, M87의 가장 큰 동반은하조차도 별다른 파장 없이 흡수될 수 있을 정도가 되었다. 그러나 이러한 은하 간의 합병이 일어나지 않더라도, M87은 매년 태양의 몇 배 규모의 물질을 흡수하면서 점점 몸집을 키워가고 있다.

이 물질들의 대부분은 은하 중심부의 블랙홀로 모여 태양 질량의 수십억 배에 달할 정도다. 은하의 크기와 중심부 블랙홀의 크기는 서로 관련이 있으므로, M87의 중심에 거대한 블랙홀이 존재한다는 것은 크게 놀랄 일은 아니지만 인상적이기는 하다. M87에 흡수되는 물질들이 곧장 블랙홀로 흡수되는 것은 아니다. 이 물질들은 먼저 길이가 약 1광년에 달하는 띠를 형성하며, 10년 동안 이 띠에서 블랙홀로 빨려들어가는 물질의 규모는 태양의 질량과 맞먹는다.

이와 같은 현상은 M87에는 일반적일 수 있다. 그러나 어떤 기준으로 보더라도 매우 놀라운 양임에는 틀림없다. 그리고 이러한 현상으로 인해 블랙홀에서 제트 분출이 일어나는 것은 당연한 일일 수 있다. 이 띠의 안쪽에서 분출되는 물질들은 빛의 속도를 훨씬 상회한다. 이렇게 물질이 분출되는 현상은 M87과 주변 타원은하들의 진화에 중요한 역할을 한다. 이런 엄청난 규모로 인해 지구에서 일반인들도 이 은하를 망원경으로 관측할 수 있을 정도다.

# 처녀자리 은하단

　은하들 사이를 돌아다니다 보면 우리가 어느 지점에 있는지 길을 잃을 때가 많다. 모든 은하는 다른 형태를 갖는다. 은하의 형태는 그 은하가 가진 성격과 역사 등에 의해 나타난다. 때론 막대 나선은하 형태로 나타나기도 하고, 혹은 보다 단순한 타원형 은하 형태를 띠기도 한다. 처녀자리 타원형 은하단은 우주에 현존하는 은하단 중 가장 큰 축에 속하는데, 쉽게 표현하자면 별들의 잔치가 벌어지는 곳이다. 이 별들은 중심의 블랙홀 주위를 공전하지만, 공통된 주 원반은 존재하지 않는다.

　일반적인 타원형 은하는 여러 가지 면에서 나선형 은하와 다르다. 이곳 처녀자리 은하단의 주변 은하들만 보더라도, 타원형 은하에서 최근에 태어난 별을 나타내는 푸른색 별들을 찾아보기 힘들다. 은하단은 은하들의 집단 중에 가장 큰 범주로 수천 개의 은하들을 아우른다. 처녀자리 은하단에 속해 있는 국부은하군이 고작 2~3개의 은하만 포함되어 있음을 고려할 때, 은하단은 매우 큰 범주라고 할 수 있다. 처녀자리 은하단 안을 보다 깊게 여행하다 보면, 그동안 친숙하게 보아왔던 나선형 은하들의 모습을 찾아보기 힘들다.

　이 밀집된 지역은 타원형 은하로 가득하다. 이는 곧 이 지역에서 은하들 간의 합병 현상이 흔하게 일어남을 의미한다. 또 빈번한 합병 현상으로 인해 새로운 별을 형성하는 데 필요한 성간 먼지들이 소진되었음을 의미한다. 이러한 현상은 최소한 은하단의 가장자리에서만큼은 확연하게 보인다. 보다 안쪽으로 들어가면, 은하들은 은하단의 거대한 중력의 영향을 받아 너무 빠르게 이동하여 정확한 관측이 어렵다.

　그러나 은하들만 놓고 살펴본다면 약간 상황이 다르다. 처녀자리 은하단의 질량의 반 이하만 은하들 안에 존재하고, 나머지는 뜨거운 가스 형태로 은하들 사이의 공간을 메우고 있다. 이들 가스 중 일부는 은하군이 처음 형성될 때부터 존재했으나, 나머지는 은하군 가장자리에서 은하 간의 합병 현상이 일어나는 중에 방출되었던 것으로 보인다. 이 가스들은 정적이지 않으며, 이 물질들의 거대한 흐름은 은하군의 밀집된 중심부에서 바깥쪽으로 에너지를 전달한다.

　처녀자리 은하군을 형성하는 수천 개의 타원형 은하들 중에는 서로 구분하기 어려운 은하들도 존재한다. 그러나 처녀자리 은하군 중심에 존재하는 은하는 우리가 만나본 은하 가운데에서도 그 규모가 가장 크고, 조용함과는 거리가 멀다.

처녀자리 은하단 안에는 수천 개의 은하들이 존재하며 우리 국부은하군에서 가장 가까운 은하단이다. 이 그림의 중심에는 우리 은하가 속해 있는 면의 위쪽에 위치한 흐릿한 먼지구름이 보이며, 그 아래에는 M87 은하도 보인다.

# 초록색 도깨비불

초록색 도깨비불처럼 보이는 이 천체들은 직경이 수만 광년으로 거의 하나의 은하 수준이다. 단연 특별한 곳이며 도깨비불 구름의 초록색은 반짝이는 산소를 의미한다. 또 중심에는 직경이 1만 6000광년이나 되는 거대한 홀이 존재한다.

이 천체들 이름은 천문 프로젝트인 GalaxyZoo.org에 참여했던 네덜란드의 교사 하니 반 아르켈<sup>Hanny van Arkel??</sup>의 이름을 따서 부어베르프라고 붙여졌다. 이 천문 프로젝트는 이 책의 저자 중 크리스 린톳이 시작했고, 약 25만 명의 지원자가 수십만 개의 은하를 분류했다. 이 프로젝트는 SDSS<sup>Sloan Digital Sky Survey</sup> 광학망원경의 데이터를 사용했으며, 최근에는 허블 우주망원경에서 데이터를 받기도 했다. 부어베르프라는 말은 네덜란드어로 '천체<sup>object</sup>'를 의미한다.

이 천체들의 본질에 대해서는 여러 가설이 존재했으나, 이 천체가 내뿜는 빛은 이웃한 은하 IC2497과의 상호작용 때문인 것으로 나타났다. 비록 부어베르프와 충돌할 만한 은하가 주변에 보이진 않지만, 확실히 부어베르프는 최근에 일어난 합병 현상으로 인한 변화를 겪고 있는 것으로 보인다. 성간 물질들은 합병 현상 때문에 IC2497의 중심에 위치한 블랙홀로 빨려들어간 듯하며 강렬한 활동을 거치면서 퀘이사로 여겨질 정도의 밝은 빛을 내뿜은 것으로 보인다. 퀘이사는 은하 중심에 위치한 블랙홀이 거대한 양의 가스와 먼지를 빨아들여 매우 밝게 빛나는 것을 말한다. 우리가 M87에서 보았듯이, 이와 같은 활동은 종종 제트 분출과 연관이 있는데, 우리는 이미 우주의 코르크 마개인 SS433에서 이를 본 적이 있다.

부어베르프는 제트 분출과 충돌하는 경로에 있다. 라디오파로 관측한 결과, 제트 분출의 잔해처럼 보이기도 하지만 여전히 풀리지 않은 미스터리가 존재한다. 만약 한때 IC 2497에 퀘이사가 존재했더라도, 오늘날에는 존재하지 않는다. 우주망원경의 X-선으로 보면 감지되어야 할 일반적인 천체들이 존재하지 않는 것이다. 이것은 가히 충격적인 일로, 부어베르프는 현재까지 은하가 활동에서 비활동 상태로 바뀌었을 때 일어나는 현상을 연구할 수 있는 유일한 곳이 되었다. 이러한 현상은 상대적으로 자주 일어나는 것으로 보이며, 퀘이사의 분포도 시간이 지남에 따라 급격히 바뀔 수 있음을 알려준다. 약 20억 년 전에는 퀘이사가 흔했던 것으로 보이나 현재는 찾아보기 힘들다. 부어베르프의 비밀이 모두 밝혀진 것도 아니다. IC 2497과 근접한 부분의 구름에서는 새로운 별이 탄생하고 있는 것처럼 보인다. 이는 아마도 부어베르프 가스와 제트 분출의 상호작용으로 생긴 듯싶다. 또한 앞서 언급했던 거대한 홀의 존재도 여전히 설명되지 않고 있다.

이는 과거 퀘이사에 가까웠던 물질들이 드리운 그림자 같은 것인지도 모르지만 이 이론은 충분한 설득력을 얻지 못해 이곳에 대한 많은 연구가 필요할 것 같다.

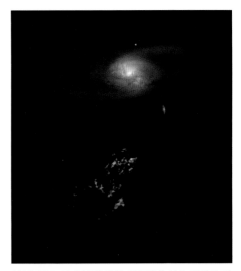

부어베르프의 초록색 빛은 이온화된 산소 원자로 만들어진다. 이 빛은 이웃 은하 IC 2497의 중심에 위치한 퀘이사 때문에 빛을 내는 물질의 일부로 추정되고 있다.

# 벤딩 라이트

아벨 은하군의 클로즈업 사진은 중력렌즈현상의 좋은 예다. 이 은하군 뒤쪽에서 오는 모든 빛들이 붉은색 방향으로 늘어나서, 원래라면 볼 수 없었던 다른 흐릿한 주변 천체들을 볼 수 있게 해준다.

우리는 이미 우주 깊숙한 곳까지 여행해왔다. 그러나 이 먼 곳에 새로운 볼거리들이 많이 있음에도 불구하고, 고향을 돌아보고자 하는 우리의 마음은 여전하다. 이곳에서 태양계를 돌아보면, 프톨레미호의 첨단 장비를 이용하더라도 태양의 정확한 위치를 가늠하기조차 어렵다. 하지만 우리 은하는 여전히 확인할 수 있다. 우리 은하와 국부은하군의 다른 세 개의 나선은하들은 이 먼 곳에서조차 여전히 확인이 가능하다.

좀 더 깊은 우주로 이동하다 보니 무언가 특이한 현상이 나타난다. 먼 곳에 우리 고향의 모습이 왜곡되어 보이고, 우리 은하의 외형이 마치 아치 모양처럼 보이기 시작한다. 이러한 효과는 은하단을 통과해서 보면 더 뚜렷해진다. 이렇게 먼 곳에서 우리 은하를 보면 왜곡되지 않은 모습을 관찰하기란 거의 불가능하다.

이러한 효과를 일컬어 중력렌즈현상이라고 부르는데, 이는 중력으로 빛이 휘어지는 현상을 의미한다. 이러한 중력 효과는 이미 오래전부터 알려져 있었다. 지구에서 먼 은하를 관측할 때도 중력렌즈현상은 빈번하게 일어난다. 20세기 초 과학자들은 먼 곳의 별들에서부터 오는 빛이 태양 부근을 통과해 지구에 도달할 경우 시위치가 달라지는 것을 확인했다.

이와 같은 성질은 뉴턴의 중력 법칙에서 이미 예견된 일이었다. 비록 뉴턴은 이렇게 큰 규모에서도 자신의 중력 법칙이 적용될지는 예상하지 못했을 것이다. 그러나 식에 의한(태양이 다른 별을 가리는 식을 의미함) 시위치의 변화는 아인슈타인의 상대성이론에 따른다. 이는 새로운 이론의 우월성을 입증하는 중요한 요소였다.

이후 천문학자들은 중력렌즈를 다양하게 활용하는 방법을 터득했다. 빛의 굴절 현상을 은하군의 무게 측정 방법으로 활용하거나, 우주의 질량 분포를 확인하기 위한 도구로 활용하기도 했다. 만약 모든 천체의 위치가 정확히 들어맞는다면, 중력렌즈효과는 자연적인 망원경 역할을 할 수 있으며, 가장 먼 곳의 은하를 확대시키는 효과를 얻게 된다. 현 지점에서 우리 은하는 우리가 알고 있는 모습에서 왜곡되어 보이지만, 중력렌즈효과로 인해 좀 더 밝게 빛나는 것처럼 보인다.

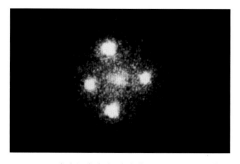

위와 오른쪽  아인슈타인의 십자가 Q2237+030 혹은 QSO 2237+0305는 중력렌즈효과가 적용된 퀘이사로, ZW 2237+030 뒤편에 위치한다. 강한 중력렌즈효로 인해 같은 거리의 퀘이사 네 개의 모습이 앞쪽으로 나타난다.

# 무한 그리고 그 너머

이제까지의 여행은 우리의 상상력과 우주에 대해 알고 있는 정보의 한계로 제한되어왔다. 프톨레미호는 알려져 있는 좌표 밖으로는 이동할 수 없기 때문이다. 그런 의미에서 우리의 여정은 이제 거의 막바지에 접어들었다고 할 수 있다. 그렇다면 우리는 어디까지 여행이 가능한 것일까? 우리가 알고 있는 먼 거리의 은하들, 즉 딥 필드는 오랜 기간 밤하늘을 관측하여 이미지를 구축해옴으로써 알 수 있게 되었다.

특히 허블 망원경이 촬영한 딥 필드는 가장 잘 알려져 있다. 허블 망원경이 촬영한 많은 은하들의 이미지들은 우주가 태어난 후 수십억 년 이내의 모습들을 담고 있다. 우리가 기대한 바와 같이, 딥 필드에는 엄청난 양의 가스들과 새로운 별들로 이루어진 어린 은하들도 있다. 이 은하들은 아직 합병 현상을 겪지 않았기 때문에 타원형과 나선형 은하의 모습이 아닌 여전히 불규칙하고 특이한 형태를 띠고 있다.

이런 초기의 우주를 직접 보는 것은 가히 매력적인 일이지 않을까? 그러나 불행히도 프톨레미호가 빛보다 빠르게 이동이 가능할지언정 시간을 거슬러 이동하는 것은 불가능하다. 그 때문에 프톨레미호를 타고 허블 딥 필드에 도달해서 보니 우리 은하와 큰 차이가 없는 것 같아 조금 실망스럽기도 했다.

만약 이 지역을 세밀하게 관찰한다면, 아마도 세 개의 나선은하가 눈에 들어올 것이다. 그중 둘은 과거에 상호작용을 거쳤으며, 둘은 합병 경로에 놓여 있다. 이는 우리가 속해 있는 국부은하군과 비슷한 구조다. 비록 지구의 망원경으로 보면 약 10억 년 전에 이 지역을 떠난 빛의 모습을 보고 있지만, 이곳의 시간 역시 지구와 마찬가지로 계속해서 흘러왔기 때문에 초기 우주의 모습에 대해서는 관찰할 수 없었다. 그러나 한편으로는 먼 우주의 모습도 서로 비슷하다는 점에서 안심되기도 했다.

현대 우주론의 근본적인 가정에 따르면, 우주의 어떤 곳도 완전히 특이할 수는 없어야 하므로, 어쩌면 우리는 이 가정에 대한 결론을 보고 있는지도 모른다. 만약 우주의 탄생에 대한 현대의 가정이 옳다면, 만약 실제로 빅뱅이 일어난 몇 초 뒤에 우주가 급격하게 팽창했다면 관측 가능한 우주는 그저 광활한 우주의 한 부분에 불과할지도 모른다.

허블 울트라 딥 필드는 빅뱅이 일어난 뒤 400년에서 80만 년 이후의 모습을 담고 있다. 전체 이미지에는(이 그림은 부분에 불과하다) 약 1만 개의 은하를 담고 있다.

# 빅뱅의 메아리

우리는 초기의 우주로 직접 돌아가볼 수 없지만, 우리의 여정 동안 배경복사(초기 우주 생성 이후 남겨진 열)는 우리 곁에 계속 존재해왔다. 우주 마이크로파 배경복사는 우주가 탄생하고 40만 년 동안 공간에 흩어졌던 빛을 말한다. 이 빛은 우주의 시작을 알리는 빅뱅 이후 서서히 식어갔다. 마지막으로 빛이 흩어진 이래 배경복사는 가시광선과 적외선의 파장에서 상대적으로 선명하게 보였을 것으로 보이지만, 우주가 오랫동안 팽창한 이후 온도가 점점 떨어지면서 오늘날에는 마이크로파 영역에서 가장 잘 보이게 되었다. 배경복사의 온도는 −270.3℃로, 켈빈 온도로 2.7도밖에 되지 않을 정도로 매우 낮다(절대영도는 −273℃이며, 켈빈 단위로 0도를 의미한다. 절대영도보다 낮은 온도는 존재할 수 없으며, 이 온도에서는 어떤 열에너지도 존재할 수 없다).

물론 이렇게 먼 우주를 여행하지 않더라도 배경복사를 관찰할 수 있다. 우주 마이크로파 배경복사는 지구에서도 충분히 감지할 수 있다. 이 파장은 흔히 오래된 라디오나 텔레비전이 내는 백색소음과 같은 것으로, 우주에서는 WMAP^Wilkinson Microwave Anisotropy Probe나 플랑크 우주선과 같은 위성으로도 감지할 수 있다. 이 배경복사에서 일어나는 작은 온도의 변화는 초기 우주를 엿볼 수 있게 해준다. 그리고 이렇게 작은, 어찌 보면 사소한 것 같은 사실에서 우리가 그동안의 여행에서 만났던 행성과 별들 그리고 은하와 은하단까지 모든 것들이 생겨난 것이다.

이후 137억 년간 많은 일들이 일어났으나, 그중에서도 가장 놀라운 사건은 태양이라는 평범한 별과 지구라는 평범한 행성에서 상상 우주여행을 떠날 수 있는 인류가 탄생했다는 점이 아닐까 싶다.

WMAP이 촬영한 이미지의 색깔은 초기 우주의 잔재인 배경복사의 온도 변화를 보여준다. 붉은색은 상대적으로 따뜻하고, 푸른색은 상대적으로 추운 지역을 의미한다. 이 지도는 약 5년간의 데이터를 수집하여 구성되었다.

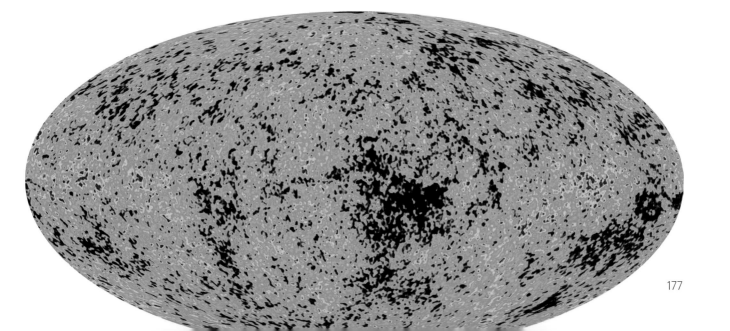

# 끝맺는 말

**이제 우주여행을 끝내고 여러분이 안락의자에 앉아 일생일대의 우주여행을 되짚어본다면 정말 많은 생각이 들 것이다.**

우주여행이 끝나기 직전에 우리는 지구에서 볼 수 있는 우주의 최대 범위인 '관측 가능한 우주'의 끝자락에 있었다. HUDF(Hubble Ultra Deep Field)와 같은 고급 망원경으로나 볼 수 있는 천체들과 은하들 그리고 우주가 태어난 이후 얼마 지나지 않은 모습도 직접 보았다. 그러나 실제로 먼 우주에 나가 있는 동안 우리가 보았던 것은 처음 우주가 생길 때와는 전혀 다른 모습이었을 것이다. 프톨레미호를 타고 생각의 속도로 이동하면서, 우리는 오늘날 다른 은하들과의 충돌과 진화를 겪으면서 살아남은 은하들을 직접 보았다. 이들은 마치 우리 은하와 비슷했다. 사실 이 은하들이 우리와 많이 다를 것이라고 생각할 근거가 없다. 현재는 이러한 이론을 '우주원리'라고 부르고 있다.

이뿐만이 아니다. 지구에서 수십억 광년이나 떨어져 있는 지점에서 본다면, 새로운 우주의 풍경이 눈에 들어올 것이다. 어쩌면 아직까지 지구에 도달하지 못한 빛을 볼 수도 있을 것이다. 우리는 실제 우주의 끝에 가보지 못했다. 우리가 가본 곳은 우주의 중간 어디쯤에 불과할지도 모른다. 관측 가능한 우주의 끝에서 우리는 끊임없이 펼쳐진 우주를 볼 수 있었다. 우리가 너무 멀리 왔기 때문에, 실제로 우리가 아는 우주의 범위를 두 배 정도 늘렸을지도 모른다.

만약 우리가 여행을 계속했다면 어땠을까? 우리는 어디까지 갈 수 있을까? 과연 우주는 지구에서 관측 가능한 우주보다 얼마나 더 큰 것일까? 아마도 우주는 우리의 생각보다 훨씬 더 클 것이다. 어쩌면 무한할지도 모른다. 만약 우주가 진정으로 무한하다면, 평행 우주 등의 가정을 제외하더라도 아마 어딘가에 또 하나의 내가 존재할 가능성도 있을 것이다. 물론 어쩌면 우리와 똑같은 우주여행객이 존재할지도 모른다.

그것이 바로 무한함의 의미이다. 우연의 일치라는 가능성이 아주 적더라도, 우주가 무한하다면 어딘가에는 생각지 못한 일이 일어나고 있을지도 모른다.

따라서 기쁘게 생각하자! 우리는 유일한 우주의 여행객이 아니다. 물론 우리의 쌍둥이를 만나보는 것은 불가능하겠지만 말이다.

그리고 물론 무한한 우주에서 절대 일어나지 않으리라고 확언할 수 있는 것은 결코 없다.

# 상상 우주여행객을 위한 실용적인 조언

**우리의 우주여행은 꿈만 같았다. 이 여행에서 우리는 생각조차 할 수 없는 거리를 이동해왔다.** 처음 이 여행을 시작한 동기는 우주엔 과연 무엇이 있을지, 그리고 지구인의 관점에서 무한한 우주를 이해하는 것이 가능할지에 대한 호기심이었다. 우주론자들은 우주의 무한한 크기에 대해 서로 다른 견해들을 가지고 있다. 그러나 실제 우리와 가장 가까운 항성까지 빛의 속도로 이동한다 해도 한 인간의 수명만큼 이동해야 함을 고려해보면, 인간의 관점에서 우주에 대해 서로 다른 견해를 갖는 것은 당연할지도 모른다. 현재 우리는 쌍안경이나 망원경을 이용해 우주를 관측할 수 있다. 이 가이드에서 사용할 번호는 앞서 1~100까지 소개한 우주의 명소와 짝지어 고려하기 바란다.

천체의 밝기를 정의할 때(흔히 '등급<sup>magnitude</sup>'이라고 표현한다), 관측자가 맨눈으로 관측하느냐, 혹은 쌍안경이나 망원경을 사용하느냐에 따라 차이가 나타날 수 있으므로, 여기서 제시될 안내 사항이 다소 차이가 날 여지는 있다. 천체의 밝기 등급은 고대 그리스 시대부터 사용되었다. 고대 그리스인들은 맨눈으로 관측 가능한 별의 등급을 6개로 나누고, 이 중 1등급을 가장 밝은 별로, 그리고 6등급을 가장 밝기가 낮은 별로 정했다. 밝기 등급은 로그 스케일을 적용하여 각 상위 등급의 밝기는 이전 등급 밝기의 2배로 정했다. 현대의 밝기 등급 역시 고대와 유사하다. 여전히 낮은 등급이 높은 등급보다 밝음을 의미하지만 보다 정교해졌다. 예를 들어 허블 우주망원경으로 본 태양의 밝기 등급은 −26.74이고, 가장 흐릿한 별은 30이다.

## 맨눈

사실 맨눈으로도 많은 천체들을 관측할 수 있다. 낮에는 태양(12~15(이하 동일적용))때문에 하늘이 매우 밝아 많은 것을 관측하기 어렵지만, 아주 드물게 태양이 지평선 부근에 있을 때 나타나는 혜성들이 있다. 태양을 맨눈으로 보는 일은 눈이 멀 수도 있으므로 절대 하지 말기 바란다. 태양의 흑점이나 월식을 관측하기 위해서는 망원경 등의 도구를 활용하는 편이 바람직하다. 이후에는 흑점의 위치를 추적하거나, 월식에서 달의 움직임을 관측할 수 있다.

때로는 달(4~11)이 낮에 보이는 경우도 있다. 가장 밝은 행성인 금성 또한 위치를 파악하고 있다면 낮에도 관측할 수 있다.

물론 밤에는 맨눈으로 관측할 수 있는 범위가 훨씬 넓어진다. 달은 매우 쉽게 찾을 수 있으며, 달 표면을 덮고 있는 어두운 대평원들도 눈에 잘 들어온다. 그중에서도 가장 눈에 잘 띄는 것은 비의 바다(10), 맑음의 바다(4), 고요의 바다(4) 등이며, 코페르니쿠스 분화구(8), 아리스타르코스 분화구(9), 플라토 분화구(10) 등 거대한 분화구들도 쉽게 찾아볼 수 있다. 또 달의 어두운 부분을 엷게 비추는 지구의 반사광도 확인할 수 있다.

금성(20), 목성(37), 토성(43), 화성(26)처럼 밝은 행성은 맨눈으로도 관측이 가능하다. 그리고 밝기 등급이 6 이하인 별들도 맨눈으로 관측이 가능하다. 가장 밝게 빛나는 시리우스(56)는 밝기 등급이 -1.6에 달한다. 행성은 이보다도 높다. 금성의 밝기 등급은 -4 이상이다. 물론 사람마다 개인 차이가 존재한다. 어떤 사람들은 밝기 등급 7까지도 맨눈으로 관측이 가능하다. 포말하우트(59)는 외계 행성을 가진 별로, 매우 쉽게 관측할 수 있다. 이 항성의 밝기 등급은 1.73 정도 되고, 물론 외계 행성을 관측하기 위해서는 허블 우주망원경의 도움이 필요하다. 쌍둥이자리의 동반성 카스토르(60)와 폴룩스도 쉽게 찾을 수 있다. 알골(61)은 밝기 등급이 -0.15로 맨눈으로 매우 쉽게 찾을 수 있는 별이다.

10×50 쌍안경

플레이아데스(64)와 같은 밝은 산개성단도 쉽게 찾을 수 있다. 성운들은 대개 맨눈으로 찾기는 어렵다. 구상성단인 오메가 센타우리(81)는 남반구의 하늘에서 맨눈으로 쉽게 찾을 수 있다. 대마젤란운(86)과 소마젤란운(88) 역시 남반구 하늘에서 쉽게 찾을 수 있다. 우리 은하의 중심 부근도 하늘에서 쉽게 찾아볼 수 있다.

황도광(22) 역시 해가 진 다음에 볼 수 있다. 물론 빛 공해가 심한 나라에서는 보기 힘들겠지만, 하늘이 맑은 경우에는 은하수만큼이나 밝게 빛난다.

## 쌍안경

쌍안경을 선택할 때는 무엇을 보고자 하는지를 기준으로 선택해야 한다. 저자가 가지고 있는 쌍안경은 7×50(일반 쌍안경)이다. 이 쌍안경은 넓은 범위를 관측할 수 있게 해 준다. 쌍안경을 이용하면 플레이아데스(64), 우리 은하의 별 시야(84~85), 목성의 위성들(37), 토성(43)과 토성의 위성 타이탄(45) 등을 볼 수 있다. 여러분이 토성의 고리를 관측하고자 한다면, 아마 망원경이 필요할 것이다. 또한 쌍안경으로 달을 보면 달의 세세한 모습까지도 관측이 가능하다. 쌍안경을 사용하면 달의 뒷면을 제외하고 여태껏 프톨레미호를 타고 방문했던 달의 모든 장소를 관측할 수 있다. 일부 성운 또한 쌍안경으로 관측이 가능하다. 저자의 쌍안경으로는 고리 성운(74)을 관측할 수 없지만, 고배율(20×80)의 쌍안경을 사용하면 가능하다. 안드로메다은하 또한 쌍안경을 통해 흐릿하게나마 볼 수 있다. 대마젤란운과 소마젤란운(86~88) 역시 우리 은하에서 구분되어 보인다. 또한 소행성(33~34)들의 위치를 알고 있다면 꽤 많은 수를 관측할 수 있다.

쌍안경으로 볼 수 있는 혜성들은 꽤 잘 알려진 혜성들로, 마치 흐릿한 별처럼 보인다. 일부 아마추어들은 고배율 쌍안경을 이용해 밤하늘에서 새로운 혜성을 찾기도 한다. 영국의 아마추어 관측자인 조지 올콕[Alcock]은 20×80의 쌍안경을 이용해 8개의 혜성을 찾아냈다.

20×80 쌍안경

## 망원경

작은 망원경으로 태양을 관측하면 태양의 일식과 흑점 등을 관측할 수 있다. 또 우리가 프톨레미호를 타고 보았던 달의 세부적인 지형까지 관찰이 가능하다. 하지만 달의 뒷면과 아폴로호가 착륙했던 지역까지 관측하는 것은 불가능하다.

컴퓨터 조작이 가능한 최신식 90mm 망원경.

망원경으로 수성(17)을 관측하는 것은 가능하지만, 세부적인 지형까지는 볼 수 없다. 금성(20)은 형태가 뚜렷하게 보이며 애센 광도 볼 수 있다. 화성(26)은 시르티스 메이저 평원(27)과 극지방 얼음(26)이 줄어들고 늘어나는 것도 볼 수 있다. 소행성 중에는 베스타(33), 팔라스, 주노, 히기에이아 등 열댓 개 정도가 관측 가능하다. 이 소행성들은 마치 별처럼 보이지만, 수일간 움직임을 관찰해보면 여느 항성들과는 다름을 알 수 있다.

목성(37)을 보면 목성의 띠가 분명하게 눈에 들어오며, 대적점(38)과 일시적으로 나타나는 여러 개의 작은 점들도 볼 수 있다. 또 목성의 4개 위성(39, 40)도 볼 수 있다. 그러나 목성의 위성은 주로 목성 혹은 목성의 그림자에 가리는 경우가 많다.

토성(43)은 밤하늘에서 가장 인상적인 천체다. 망원경으로 보면 토성의 고리가 뚜렷하게 보이고, 운이 좋은 날에는 카시니 간극(41)도 볼 수 있다. 토성의 위성인 타이탄(45)과 리아(41), 이아페투스(44), 테티스와 디오네(45)도 쉽게 관측이 가능하다. 주경이 약 8cm 안팎인 망원경을 사용하면 미마스(41, 46)와 엔셀라두스(46)도 엿볼 수 있으나, 쉽지는 않다.

천왕성(47)과 천왕성의 네 개 위성 또한 관측이 가능하다. 특히 천왕성의 녹색이 선명하게 관찰된다. 해왕성(48)의 푸른색 또한 주경이 8cm 정도인 망원경을 사용하면 관측이 가능하다. 위성 트리톤(49) 또한 쉽게 관측이 가능하다. 카이퍼 벨트의 천체인 명왕성(50)도 작은 망원경으로 관측이 가능하다.

**별**: 별들의 색깔은 작은 망원경으로만 보아도 확연히 드러난다. 붉은색 별인 베텔기우스(67)는 특히 아름답게 빛난다. 또한 알파 센타우리(55)와 같은 쌍성들도 쉽게 찾아볼 수 있다. 좋은 항성 목록이라면 대개 작은 망원경으로 볼 수 있는 별들의 목록을 따로 구분해둔 경우가 많다. 일반적으로 주경 8cm 정도의 망원경을 사용하면 밝기가 11등급 이상인 쌍성들은 쉽게 관찰이 가능하다. 물론 쌍성의 두 별 모두 밝기 등급이 11 이상이고, 두 별 사이의 거리가 충분해야 가능하다.

**변광성**: 대부분의 변광성은 관측 가능한 거리에 있다. 예를 들어 세페이드 변광성의 관측이 용이하다. 붉은색에 변광 주기가 긴 미라(63)도 관측이 용이하며, 유사한 종류의 변광성 중에 가장 밝은 편이다. 망원경을 사용하면 몇 달간 미라를 관측하는 것이 가능하지만, 빛이 가장 약할 때는 작은 망원경으로는 불가능하다.

항성 목록에는 변광 주기가 길고 밝기가 10등급 이상인 변광성들이 포함되어 있다. 일부 변광성들은 변광 주기가 놀랄 정도로 길다. 백조자리의 키[Chi Cygni]는 종종 밝기가 3등급에 달하다가 14등급까지 떨어지기도 한다. 밝기가 14등급까지 떨어지면 큰 망원경을 사용해도 관측이 어렵다.

**성단**: 많은 성단들이 관측 가능하다. 산개성단은 뭉쳐 있거나 흩어져 있다. 플레이아데스성단(64), 히아데스성단, 프레세페성단이 산개성단의 좋은 예다. 구상성단 오메가 센타우리(81)에는 수많은 별들이 존재하며, NGC 2419(89) 또한 관측이 가능하다.

패트릭 무어와 그의 주경 38cm 망원경.

**은하**: 은하는 전체 밝기가 11등급 이상이면 관측이 가능하다. 시가 은하(92), 소용돌이 은하(93), M87(95) 등은 관측이 쉬운 반면 안테나 은하(94)나 처녀자리 은하단(96)의 경우 작은 망원경으로는 관측이 어렵다.

# 용어 사전

**H.I과 H.II 지역** 은하 내의 수소 구름. H.I 지역은 수소가 중성 상태이다. H.II 지역의 수소는 이온화되어 있으며, 뜨거운 별의 존재로 구름이 성운처럼 밝게 빛난다.

**간섭 관측기** 별의 직경을 측정하는 장비. 빛의 간섭 현상을 원리로 구동함.

**갈색 왜성** 태양의 0.01~0.08 정도에 달하는 흐린 별로, 중심부의 온도가 핵융합이 일어날 정도로 충분히 높지 않음.

**강착원반** 블랙홀 주변에 형성되는 원반 형태의 흐름.

**거주 가능 지역** 골디락스 영역 참조.

**겉보기 등급** 천체의 겉보기 밝기. 겉보기 등급이 낮을수록 천체의 밝기가 높음을 의미한다. 태양의 경우 −27이고, 북극성은 +2, 현존하는 기술로 관측 가능한 가장 낮은 밝기 등급은 +30 정도다.

**고도** 수평선 위에 천체의 각거리.

**고속도성** 태양 대비 65km/s 이상으로 빠르게 움직이는 별. 이 별들은 오래된 별로 태양과 같이 원 궤도로 회전하는 일반 별들과는 달리 타원궤도를 지닌다.

**고유운동** 천구에서 개별 항성의 움직임.

**골디락스 영역** 행성이 표면에 물을 가질 수 있는 항성 주변 지역. 이 지역은 너무 뜨겁거나 너무 춥지 않고, 생명이 존재하기에 안성맞춤이어야 한다.

**공전주기** 한 천체가 다른 천체의 주위를 한 바퀴 도는 데 걸리는 시간. 춘분점이 관측자의 자오선을 지날 경우 공전 시간은 0이다.

**광구** 태양의 가장 밝은 표면.

**광도계** 빛의 강도를 측정하는 장치.

**광자** 빛의 가장 기본적인 단위.

**궤도** 천체의 이동 경로.

**근일점** 태양계의 천체가 태양과 가장 가까워지는 지점.

**근점년** 지구가 근일점을 지나 다시 근일점으로 돌아오는 시간(365.26일. 근일점이 지구의 궤도를 따라 매년 11각초 정도 이동하기 때문에 항성년보다 약 5분 정도 길다).

**근지점** 달의 타원궤도 중에서 지구에 가장 가까운 지점.

**나노미터** 10억분의 1m.

**남중** 지평선 위에 보이는 천체의 최고 고도.

**내행성** 수성과 금성. 태양까지의 거리가 지구보다 가까운 행성.

**대기광** 지구의 대기에서 방출되는 빛(유성 흔적, 열복사, 번개, 오로라 등은 제외).

**대류권** 지구 대기의 가장 아래층. 대류권 상단은 지상에서 약 11km이다. 대류권 위에는 성층권이 존재하고, 성층권 위에는 이온권과 외기권이 존재한다.

**대일조** 태양과 정반대 쪽에서 타원체의 빛이 하늘에 퍼져 보이는 현상.

**대일조** 태양과 정반대 쪽의 황도 위에 희미하게 보이는 빛. 이 빛은 엷게 흩어져 있는 행성 간 물질로 인해 생겨난다.

**대충격** 40억 년 전 지구가 유성 세례를 받았던 시기.

**도플러효과** 천체와 관측자 사이의 상대적 거리가 변화함에 따라 생기는 파동의 변화. 천체와 관측자 사이의 거리가 가까워지면 파장의 길이가 짧아지고 청색편이 현상이 발생한다. 반대로 거리가 멀어질 경우, 적색편이가 일어나며 파장이 길어진다.

**동주기 자전** 천체의 자전주기와 공전주기가 같을 경우를 의미함. 달과 대부분의 위성들은 동주기 자전을 갖는다.

**뜨거운 목성** 목성 혹은 그 이상의 질량을 가지고 모체 항성을 1a.u. 이내에서 공전하는 외계 행성.

**로슈 한계** 한 천체가 다른 천체에 접근할 때 중력의 작용으로 인해 천체자체가 붕괴되는 한계 지점.

**명암경계선** 달 혹은 행성 표면의 낮과 밤을 구분하는 경계선.

**무게중심** 지구와 달의 중력 중심점. 지구가 달보다 81배나 무겁기 때문에 중력 중심점은 지구 안에 존재한다.

**미행성** 소행성의 구식 이름.

**바우 쇼크** 태양풍과 행성 자기장의 상호작용으로 일어나는 충격파.

**박명** 태양이 지평선 아래로 18도 이하로 떨어지는 현상.

**반그림자** 지구의 그림자 중 태양 빛이 일부 들어가 있는 부분.

**반사계수** 행성이나 다른 천체가 빛을 반사하는 정도. 달은 평균 반사율이 7% 정도로 반사계수가 낮은 편에 속함.

**반암부** 흑점 외부의 조금 덜 어두운 부분.

**방위각** 하늘에서 천체의 위치. 북쪽(0°)에서 동쪽, 남쪽, 서쪽 순으로 측정한다.

**배열** 연결된 다수의 라디오 안테나의 배열.

**백반** 태양 표면에 일시적으로 나타나는 흰 반점.

**백색 왜성** 매우 작고 질량이 집약된 별로, 모든 핵융합 에너지를 사용하고 난 뒤에 별의 진화 과정에서 최종적으로 종착하는 단계.

**밴앨런대** 방사선 입자가 지구 주위를 감싸고 있는 지역. 밴앨런대에는 고에너지인 양자가 많은 내측대와 고에너지인 전자가 주를 이루는 고측대가 존재한다.

**베일리의 염주** 개기월식이 일어나기 직전이나 직후에 달의 가장자리를 따라 선명하게 보이는 점들을 일컫는 말. 이 점들은 달의 바깥 둘레를 따라 쏟아지는 태양 빛에 의해 형성된다.

**변광성** 시간에 따라 밝기가 변하는 별.

**별빛의 수차** 빛의 속도가 무한한 것은 아니다. 빛은 300,000km/s로 이동한다. 지구는 태양 주위를 25km/s의 속도로 공전한다. 이로 인해 지구에서 별의 위치는 실제보다 조금 비껴 보인다.

**별 폭발 은하** 새로운 별의 탄생 비율이 이례적으로 매우 높은 은하.

**보데의 법칙** 태양부터 행성까지의 거리를 산출하는 수학적 법칙.

**복사점** 지상에서 볼 때 유성우가 시작하는 천구 상의 한 점.

**본영** 지구의 본그림자에 가려 암흑이 생기는 현상.

**본초자오선** 런던의 구그리니치 천문대를 지나는 자오선. 이곳은 경도 0°의 기준이 된다.

**분광쌍성** 쌍성의 위치가 너무 가까워 개별 관측이 어려우나, 분광 기법을 사용하여 관측이 가능한 쌍성을 의미함.

**불투시 영역** 우리 은하 주요 면 부근의 하늘로 성간 먼지들의 방해로 인해 몇몇 은하만 눈에 띄는 영역.

**블랙홀** 빛조차도 통과할 수 없는 매우 좁은 지역으로, 거대한 별이 붕괴하여 생겨난다.

**사상 수평선** 블랙홀의 경계. 사상 수평선 안에서는 빛조차도 탈출이 불가능하다.

**삼각시차** 두 지점에서 천체의 위치를 측정할 때 생기는 시위치 차이.

**상** 달 혹은 내행성의 겉보기 변화 단계. 화성도 철상을 보이기는 하지만, 지구에서 볼 때 주목할 만한 정도는 아니다.

**섬광 스펙트럼** 개기일식 직전에 태양의 채층에서 나오는 연속광을 동반한 휘선스펙트럼. 달이 태양의 밝은 표면을 덮어서 채층만 보이게 되어 나타나는 현상

**섬광성** 표면의 강렬한 플레어로 인해 생이 짧고 밝기가 강한 적색 왜성.

**섭동** 행성의 궤도가 다른 천체의 중력에 의해 원래 궤도에서 벗어나는 현상.

**성군** 별도의 별자리로 구분되지 않은 별들의 패턴.

**성운** 성간 우주 안의 가스와 먼지구름.

**세이퍼트 은하** 상대적으로 작고, 밝으며, 약한 나선팔을 가진 은하. 이 중 일부는 강한 라디오파를 방출하기도 한다.

**세차** 천구의 적도 및 황도의 변동. 춘분점은 양자리로부터 물고기자리로 연간 50각초 이동한다. 세차는 달과 태양이 지구의 적도 부근에 미치는 중력 작용으로 인해 생겨난다.

**세페이드 변광성** 짧은 주기의 변광성으로 매우 일정한 특성을 가진다. 이 별의 이름은 원시별인 델타 세페이에서 비롯되었다. 세페이드 변광성은 변동 주기와 밝기를 이용하여 관측 대상까지의 거리를 측정할 수 있는 기준이 되기 때문에 천문학적으로 매우 중요하다.

**소광** 행성 또는 별이 하늘 아래쪽으로 이동하면 지구의 대기에 의해 빛이 더 많이 흡수되어 밝기가 저하되는 현상. 별이 수평선 1°까지 하강하면, 밝기가 3등급 정도 떨어진다.

**소구체** 가스 성운 안쪽에 나타나는 검은색 방울 모양. 아마도 신생 별로 보인다.

**소행성** 태양 주위를 공전하는 태양계 내의 작은 천체들.

**슈바르츠실트 반지름** 탈출 속도가 빛의 속도가 같은 별의 임계 반지름.

**스펙트로헬리오그래프** 분광 태양사진의. 스펙트로헬리오스코프도 동일하다.

**시선속도** 물체가 관측자의 시선 방향으로 운동할 때의 속도. 관측자와 멀어질 경우 양의 값을, 관측자와 가까워질 경우 음의 값을 갖는다.

**시야별** 성단 주변에 보이지만, 성단의 일원이 아닌 별. 이 별은 해당 성단보다 훨씬 앞에 있거나 혹은 훨씬 멀리 있을 수 있다.

**식변광성** (식쌍성) 쌍성의 식 현상에 의해 겉보기 광도가 주기적으로 변하는 별을 의미한다, 식변광성의 좋은 예로는 알골(베타 페르세이)이 있다.

**신성** 잘 보이지 않을 정도로 어둡던 별이 갑자기 밝아져 며칠 내에 빛의 밝기가 수천 배에서 수만 배까지 이르렀다가 다시 어두워지는 별을 말한다.

**신틸레이션** 지구의 대기에서 순간적으로 밝게 빛나는 별빛. 행성의 경우 하늘의 아래 부분에 위치할 때 신틸레이션이 생기기도 한다.

**쌍성** 두 개의 항성으로 구성된 항성계. 두 항성은 공통 중력 중심점을 기준으로 공전한다. 공전주기는 멀리 떨어져 있는 천체의 경우 수백만 년 정도이나, 거의 붙어 있는 경우는 30분 이하에 이르기도 한다. 쌍성이 거의 붙어 있을 때는 두 별을 구분해서 관측하는 것이 어려우며, 분광학적인 방법을 이용해야 한다.

**암부** 태양 흑점의 어두운 부분.

**양모반** 분광기를 이용하여 태양 면을 촬영할 때 발견되는 양털처럼 보이는 무늬. 크게 칼슘 이온의 밝은 K선과 수소의 어두운 Hα선으로 나뉜다.

**양자** 양으로 대전된 입자. 중성자와 더불어 핵을 구성하는 주요소로, 무게는 중성자와 비슷하다.

**양자** 하나의 광자가 가지는 에너지의 양.

**엄폐** 하나의 천체가 다른 천체에 의해 가려지는 현상.

**역년** 그레고리안력에 의거한 한 해(365.24일 혹은 365일 5시간 49분 12초).

**역변층** 태양의 채층 바로 위의 가스층.

**역행** 지구에서 관측 시 행성이 천구 상에서 시운동이 역행하는 현상.

**오로라** 북극광과 남극광을 통칭하는 말. 오로라는 지구의 대기 상층에서 발생하며, 태양이 방출하는 대전 입자들로 인해 생겨난다.

**오르트 구름** 지구로부터 약 1광년 떨어져 있는 곳에 태양계를 껍질처럼 둘러싸고 있는 것으로 추정되는 가상적 천체 집단.

**옹스트롬 단위**  1억분의 1cm.

**왜성**  수소를 연료로 하는 작은 별로 진화 단계에 놓여 있는 주계열성.

**왜소 신성**  U별(혹은 백조자리 SS형 변광성)과 같은 변광성을 일컫는 말.

**외계 행성**  태양계 외부의 행성.

**외행성**  지구보다 바깥 궤도에 위치한 태양계의 행성(수성과 화성을 제외한 모든 주요 행성).

**우리 은하**  태양계를 포함하는 은하계. 우리 은하에는 약 1000억 개의 별이 존재하며, 나선은하 형태를 띤다.

**우주년**  태양이 우리 은하의 중심을 기준으로 1회 공전하기까지 걸리는 시간. 약 22만 5000년에 달한다.

**우주론**  우주 전반에 대한 연구를 가리키는 용어.

**우주선**  매우 빠른 속도로 지구 밖에서 지구로 날아오는 방사선. 무거운 우주선 입자들은 지구 대기 상층을 통과하는 중에 쪼개진다.

**울프-레이에별**  녹색과 흰색을 띠는 고온의 별로, 팽창하는 가스에 둘러싸여 있다.

**원시별**  성간 물질에서 탄생하는 초기 단계의 별.

**원시행성**  행성의 형성 단계로 궁극적으로는 행성이 된다.

**원일점**  행성이나 다른 천체의 궤도 내에서 태양까지 가장 먼 거리.

**원지점**  달이 궤도 내에서 지구까지 가장 먼 거리.

**월리학**  달의 지질을 연구하는 학문.

**월식**  지구가 달과 태양 사이에 위치하여 지구의 그림자에 달이 가려지는 현상. 월식은 개기월식 또는 부분월식의 형태로 나타난다. 일부 개기월식은 약 1¾시간 정도 지속되나, 대부분 이보다 짧다.

**월학**  달의 표면을 연구하는 학문.

**융제**  물체의 표면이 풍화나 침식 작용에 의해 깎이는 현상.

**은하계**  별, 성운, 항성 물질 등으로 구성된 체계. 은하들의 상당수는 나선형이다.

**은하 헤일로**  나선은하의 원반 바깥쪽을 둘러싸고 있는 거대한 구체 형태의 구름.

**이각**  태양과 행성, 혹은 행성과 위성 간의 각거리를 의미한다.

**이온층**  성층권 위쪽의 지구 대기 영역.

**이중성**  두 개의 천체로 구성된 별들. 이들은 공통 중심을 갖는 쌍성일 수도 있고, 우연한 일치로 겹쳐 보이는 광학적 이중성일 수도 있다.

**일식**  지구에서 볼 때 태양이 달에 의해 가려지는 현상. 개기일식은 운이 좋으면 약 7분까지 지속된다. 부분일식은 태양이 불완전하게 가려지는 현상을 가리킨다. 금환일식은 달이 궤도의 먼 쪽에 위치할 때 일식이 일어나 태양의 가장자리 부분이 금가락지 모양으로 보이는 현상을 가리킨다.

**자오선**  천구 상에서 관측자를 중심으로 지평면의 남북점, 천정, 천저를 지나는 선. 본초자오선은 런던 구그리니치 천문대(현재 케임브리지로 이전)를 지나는 자오선을 의미한다.

**적경**  천구 상에서 별의 위치를 표시하는 데 쓰이는 적도좌표의 하나로, 적도좌표에서 춘분점을 지나는 시간권과 천체를 지나는 시간권이 이루는 각을 의미함.

**적외선**  가시광선보다 파장이 긴 복사선. 700nm 이상.

**전자기 복사**  진공 상태에서 빛의 속도로 이동하며 주기적으로 변하는 전자기파를 의미한다.

**전자기파 스펙트럼**  파장의 길이에 따라 전자기파를 늘어놓은 띠. 감마선은 가장 짧은 파장을 가지며, 길이가 0.01nm 이하이다. X-선은 파장이 0.01~10nm 사이, 자외선은 파장이 10~390nm 사이이다. 가시광선은 파장이 390~700nm 사이이다. 적외선은 파장이 700nm~1mm 사이이다. 가장 파장이 긴 것은 라디오파로 1mm에서 그 이상에 해당한다. 가장 긴 파장은 km 단위로 나타나기도 한다.

**전토층**  천체에서 단단하지 않은 토양과 미네랄 등을 포함한 층. 유기체가 더해질 경우 흙으로 바뀌게 된다.

**절대등급**  항성의 위치가 관측자로부터 32.6광년(1parsec) 떨어져 있을 때의 겉보기 등급.

**절대영도**  열역학적으로 생각할 수 있는 최저 온도(-273.16℃).

**종족**  항성의 공간 분포,운동,화학 구조, 연령 등의 차이를 기준으로 분류한 것으로 종족 I(푸르고 뜨거운 별)과 종족 II(오래된 적색 거성)로 나뉜다.

**주계열성**  헤르츠슈프룽-러셀도의 주계열로, 수소의 핵융합 반응으로 에너지를 안정적으로 발산하는 별. 우주 내 대부분의 별이 주계열성에 속한다.

**주극성**  지평선 아래로 하루 종일 지지 않는 별. 예를 들어 큰곰자리는 영국에서는 주극이라고 할 수 있다. 또한 남십자성은 뉴질랜드에서는 주극이라고 할 수 있다.

**주야 평분시**  24절기 중 춘분과 추분을 의미함. 춘분은 태양황경이 0°인 때로 양자리의 제1점으로 불린다. 춘분의 시기는 보통 3월 21일경이다. 추분은 태양황경이 180°인 때로 천칭자리의 제1점으로 불린다. 추분은 보통 9월 22일경 도래한다.

**중력렌즈**  먼 천체로부터 관측자에게 오는 빛이 중간에 거대 질량의 천체에 의해 휘어지는 현상. 아인슈타인의 상대성이론이 예측한 현상 중 하나다.

**중성미자**  핵융합 시 부산물로 발생하는 작은 입자.

**중성자**  대전되지 않은 아원자 입자로 양자와 함께 원자핵을 구성한다. 중성자와 양자의 무게는 거의 비슷하다.

**중성자별**  초신성 폭발 이후 남은 거성의 잔재. 중성자별은 '펄서'라고 불리는 빠른 라디오파를 방출한다. 현재까지는 게 펄사와 돛자리 펄사가 발견되었다.

**지구광**  달의 어두운 부분을 엷게 비추는 빛. 달이 초승달 위상에 놓일 때 종종 발견된다. 이 현상은 지구에서 반사되어 발에 투영되는 빛에 의해 생겨난다.

**지구 정지 궤도**  위성이 지구의 항성 자전주기(23시간 56분 4.1초)에 맞추어 고도 3만 5786km에 머무는 위성 궤도.

**채층**  광구 바로 바깥층에 위치한 대양 대기 최하층.

**천구**  천체의 시위치를 정하기 위해서 관측자를 중심으로 하는 반지름 무한대의 구면을 설정하고, 천체를 그 위에 투영해서 나타내는 것.

**천구 적도**  천구에 투영한 지구의 적도.

**천구 지평선**  천구에서 관측자의 천정으로부터 90도가 되는 모든 지역.

**천극**  천구의 북극과 남극 지점.

**천문단위**(AU)  지구 중심에서 태양까지의 거리. 1억 4960만km를 의미함.

**천정**  관측자의 바로 머리 위(고도 90°).

**천정거리**  천정에서 천체까지의 각도.

**철월**  달의 상변화 중 반달과 보름달 사이의 상태.

**초광속 운동**  물질이 빛보다 빠른 속도로 움직이는 것처럼 보이는 현상. 이는 순전히 기하학적인 현상이다.

**초신성**  거대한 항성의 폭발로 (1) 쌍성계의 백색 왜성의 완전한 파괴, 혹은 (2) 거성의 붕괴로 인해 생겨난다.

**충**  태양의 황경과 달, 행성, 소행성, 혜성 등 다른 천체의 황경 차가 180°가 되는 시각 및 그 상태. 즉 어떤 행성이나 위성 등이 지구에서 볼 때 태양과 정반대의 위치에 오는 상태.

**측광**  광원으로부터 나오는 빛의 강도를 측정하는 일.

**측지학**  지구의 크기와 형상, 질량 등 지구의 성질에 대해 연구하는 학문.

**칼데라**  순상화산 폭발 후 빈 마그마 방으로 인해 화산 일부가 무너지면서 꼭대기에 생기는 커다란 구덩이.

**커크우드 간극**  주소행성대에 소행성의 평균 거리 분포에 보이는 간극.

**컬러 인덱스**  항성의 겉보기 등급과 사진 등급의 차이. 항성이 붉을수록, 또 클수록 컬러 인덱스는 높은 양의 값을 가지며, 별이 푸른색일수록 음의 값을 갖는다. A0 타입의 별의 컬러 인덱스 값은 0이다.

**케플러의 행성 운동 법칙**  요하네스 케플러의 1609~1618년까지 연구를 바탕으로 만들어졌다. 이 법칙은 (1) 행성은 태양을 한 초점으로 하는 타원궤도를 그리면서 공전한다. (2) 행성과 태양을 연결하는 가상적인 선분이 같은 시간 동안 쓸고 지나가는 면적은 항상 같다. (3) 행성의 공전주기 제곱은 궤도의 긴반지름의 세제곱에 비례한다.

**켈빈 눈금**  온도의 척도. 1K는 1°C와 같지만, 켈빈 눈금의 경우 절대 0도가 −273.16°C를 의미한다.

**코로나**  태양 대기의 가장 바깥층을 구성하는 부분. 매우 얇은 가스층으로 되어 있다. 개기일식이 일어날 때만 맨눈으로 관측이 가능하다.

**코로나그래프**  월식 외에 내부 코로나를 관측하고자 할 때 사용하는 도구.

**콘드라이트**  감람석, 사방휘석 또는 그 혼합물로 이루어진 석질운석(90%

이상이 석질로 되어 있다).

**콘드룰**  콘드라이트에 함유된 구상체. 콘드룰은 주로 감람석과 휘석으로 구성되며, 규석을 일부 포함하기도 한다.

**퀘이사**  매우 강력하고 멀리 떨어져 있는 활동성 은하의 핵. 준항성상 천체(QSO)라는 표현을 자주 사용한다.

**탄소별**  별의 스펙트럼에 탄소나 시안 등 탄소화합물의 흡수대가 강하게 나타나는 적색 거성.

**탄소질 콘드라이트**  탄소질 화합물과 수화 규산염 등을 포함하는 원시 운석.

**탈출 속도**  물체가 외부의 추동력 없이 천체의 표면에서 탈출할 수 있는 최소한의 속도.

**태양 플레어**  태양 대기 바깥쪽의 폭발 현상. 보통은 분광기 등의 도구를 거쳐야 볼 수 있으나, 경우에 따라 드물게 가시광선에서 관측 가능하다. 플레어는 수소로 되어 있으며, 대전된 입자를 방출한다. 이 입자들이 지구에 도달하면 지구의 자기장과 충돌하여 오로라를 만들어낸다. 플레어는 항상은 아니지만, 대개 흑점과 연관 지어 나타난다.

**태양계 성운**  약 50억 년 전 태양계가 처음 태어날 때 이를 감싸고 있던 성간 가스와 먼지구름.

**태양권**  태양에서 50~100a.u. 주변으로 태양의 영향이 활발한 지역. 태양풍의 영향과 태양계 이외의 성간 물질의 영향이 거의 같아지는 경계 영역을 헬리오포즈라고 부른다.

**태양년**  태양이 춘분점을 지나 다시 춘분점으로 돌아오는 시간(365.24일).

**태양일**  태양의 중심점이 자오선을 경과하고 나서 또다시 자오선을 통과할 때까지의 시간으로 약 24시간 3분 56초 정도이다. 태양이 항성들에 대하여 매일 평균 1도씩 동쪽으로 이동하는 것처럼 보이기 때문에 태양일은 항성일보다 길다.

**태양풍**  태양에서 모든 방향으로 연속적으로 방출되는 입자의 흐름.

**텍타이트**  작고, 유리질로 된 물질로 지구의 일부 지역에서만 발견된다. 예전에는 유성 물질로 고려되었으나, 현재는 그렇지 않다.

**트랜싯**  (1) 천체가 관측자의 자오선을 통과하는 것 (2) 태양에 수성 혹은 금성이 투영되어 보이는 것.

**티타우리 별**  질량이 낮거나 중간 정도인 전주계열성.

**파섹**  우주 공간의 거리를 나타내는 단위로, 연주시차가 '1'인 거리. 3.26광년 또는 206,265a.u. 혹은 30조8570억 킬로미터로 나타낼 수 있다.

**펄서**  맥동전파원이라고도 부르며 회전하는 중성자별로, 종종 거대한 라디오파의 근원이다. 그러나 모든 펄서가 라디오파로 탐지되는 것은 아니다. 펄서가 내뿜는 라디오파가 지구를 향해 있어야만 탐지가 가능하다.

**편각**  천극의 적도 북쪽 혹은 남쪽과 천체 사이의 각도. 지구의 위도에 따라 다르게 나타난다.

**프라운호퍼선** 태양 혹은 다른 항성의 광선을 분광기로 분해한 스펙트럼 가운데에 나타나는 무수한 암선.

**플라스마** 이온화된 기체. 이온 핵과 자유전자로 이루어져 있다.

**항성년** 지구가 태양 둘레를 1공전하는 시간(365.26일).

**항성일** 지구가 춘분점에 대하여 자전 1회를 하는데 걸리는 시간.

**항성풍** 별에서 입자들이 지속적으로 방출되는 현상. 항성의 질량 손실로 이어진다.

**행성상 성운** 은하계 내 가스 성운 중 비교적 소형으로 원형인 것. 망원경으로 보았을 때 행성 모양으로 보여 이런 이름이 붙었지만, 실제로는 행성도 일반 성운도 아니다.

**허블 상수** 외부 은하의 후퇴 속도와 거리 사이의 관계를 나타내는 비례상수. 현재 값은 약 70km/s/Mpc이다.

**헤르츠스프룽-러셀도** 별의 스펙트럼형을 가로축으로, 절대등급 혹은 절대광도를 세로축으로 놓고 그린 그래프.

**현무암** 44~50% 정도의 이산화규소 함량을 갖는 짙은 회색 미세 입자의 화산암. 현무암은 지구형 행성의 표면에서 가장 흔하게 발견되는 화산암이다.

**홍염** 태양 가장자리에 보이는 불꽃 모양의 가스. 주로 수소로 되어 있다.

**황도** 천구에서 태양이 지나는 경로.

**황도 먼지** 태양계에서 황도광을 받아 빛나는 먼지.

**황도광** 일몰 후 박명이 끝난 뒤 서쪽 하늘 혹은 일출 전 동쪽 하늘의 지평선 가까이에서 황도를 따라 연하게 빛나는 띠. 이는 태양계의 주요 면에 얇게 흩어진 성간 물질 때문이다.

**황도대** 황도 주위로 약 8° 이내 거리의 천구로 태양과 달과 다른 행성들이 발견될 수 있는 지역(그러나 명왕성의 경우 다른 소행성들과 마찬가지로 황도대에서 벗어날 수 있음).

**회합** (1) 밤하늘에서 볼 때 한 행성이 다른 천체와 붙어 있는 경우 해당 행성이 항성 또는 다른 행성과 회합 상태에 있다고 일컫는다. (2) 수성과 금성과 같은 내행성은 행성이 지구와 태양 사이에 낄 때 내합 상태에 있다고 부른다. 반대로 행성이 태양과 먼 쪽에 위치하고 태양과 해당 행성과 지구가 일자로 놓이게 되면 외합 상태에 놓인다고 부른다. 지구보다 먼 행성의 경우 내합은 불가능하다.

**흑체** 입사하는 모든 복사선을 완전히 흡수하는 물체.

58 t  NASA/JPL/University of Arizona b NASA
59 t  ESA/DLR/FU Berlin b NASA/JPL
60  NASA
61 t  Mars Global Surveyor/MSSS/JPL/NASA m NASA/MOLA b Mars Global
      Surveyor/MSSS/JPL/NASA
62 t  NASA/JPL/University of Arizona m HiRise/MRO/JPL/NASA b NASA/JPL-
      Caltech/University of Arizona/Texas A&M University
63 t  NASA/JPL-Caltech/University of Arizona/Texas A&M University m NASA/
      JPL-Caltech/University of Arizona/Texas A&M University b NASA/JPL-
      Caltech/University of Arizona/Texas A&M University
64 t  NASA b NASA/JPL/Caltech/Cornell University
65 t  NASA/JPL/Cornell m NASA/JPL/Cornell b NASA/JPL/Caltech/Cornell
      University
 66-67  NASA/JPL-Caltech/Cornell University
68 t/m/b  NASA/JPL/University of Arizona
69 t/b  NASA
70 t  NASA/JPL-Caltech/UCLA/MPS/DLR/DA m/b NASA/JPL-Caltech/UCLA/MPS/
      DLR/IDA
71  NASA/HST
72 t/m  NASA b ESA/NASA
73  James Symonds
74 t  H. Hammel, MIT and NASA/ESA bl (NASA/SWRI/R. Gladstone et al./HST/J.
      Clarke et al./R. Beebe et al. br NASA
75 t  John T. Clarke, University of Michigan bl/br NASA
76 t  NASA b NASA/A. Simon-Millar (NASA/GSFC)/I. de Pater and M Wong,
      University of California, Berkeley
77  NASA/JPL
78 t/b  NASA/JPL
79 t  NASA/JPL b NASA/JPL/USGS
80 t  R. Pappalardo/Galileo Project/ NASA/JPL b NASA
81 t  Galileo/NASA/JPL bl Karkoschka/NASA br Galileo/NASA/JPL
82 t  NASA/JPL/Caltech bl NASA/JPL/University of Colorado br NASA/JPL
83 t/m/  Cassini/NASA/JPL
84-85  Cassini Imaging Team/ISS/JPL/ESA/NASA
86 t/m  Cassini/NASA/JPL b NASA/JPL/University of Arizona
87 t  Cassini/NASA/JPL b Karkoschka/NASA
88 t/b  Cassini/SSI/NASA/ESA/JPL
89 t/m/b  Cassini/NASA/JPL
90  NASA/JPL/STI
91 t/b  NASA/JPL
92 t  NASA/STI b NASA
93 tl  NASA/HST  tr NASA b Lawrence Sromovsky, University of Wisconsin-
      Madison/W. M. Keck Observatory
94 t  NASA/JPL bl Lawrence Sromovsky, University of Wisconsin-Madison, NASA
      br Keck
95  NASA/JPL
96  NASA
97 t  NASA m ESA/ESO/NASA b NASA/ESA
98 t  NASA/ESA/M. Brown, Caltech b NASA/JPL/Caltech
99 t  Palomar b ESA
100 t/m/b  NASA/JPL
101 t  NASA b NASA/JPL
102-103  James Symonds
104-105  NASA, ESA, Digitized Sky Survey 2/Davide De Martin, ESA/Hubble
106 t  DSS/UKSchmidt/StSci m NASACXC/SAO  b UK Schmidt/AAO
107 t  Nik Szymanek/Ian King m Pete Lawrence b ESO
108  NASA/JPL/Caltech
109 t  ESA b ESO
110  NASA/ESA/P. Kalas, J. Graham, E. Chiang, E. Kite, University California,
      Berkeley, M. Clampin, NASA/Goddard/M. Fitzgerald, Lawrence Livermore /K.
      Stapelfeldt, J. Krist, NASA/JPL
111  Anglo-Australian Observatory, Digitized Sky Survey, Davide de Martin
112  ESA/XMM-Newton/EPIC
113 t  2MASS/NASA b Greg Parker
114  Greg Parker
115 t  R.Hurt/SSC-Caltech/JPL-Caltech/NASA  b NASA
116 t  Pete Lawrence b NASA/JPL/GALEX/Caltech/OCIW

117 t  Greg Parker b ESO
118-119  HST/NASA
120 t  NASA b NASA/James Symonds
121 t  NASA b NASA/James Symonds
122 t  ESO/Beletsky
123  ESO/SFRC
124 t  NASA/HST bl Greg Parker br ESO
125 t  Pete Lawrence b ESO/Digitized Sky Survey 2/ Davide De Martin
126  NASA/JPL/Caltech/Iowa State University
127  Hubble Heritage Team/A. Riess, STScI)/NASA
128  NASA/JPL/M. Marengo/Iowa State University
129  NASA/STScI/Noel Carboni
131  NASA/AMES/JPL/Caltech
132  ESO/J. Emerson/Vista
133  NASA/AMES/JPL-Caltech/STScl
134  l ESO/J. Emerson/Vista r NASA/JPL/Caltech/STScl
135 r  Greg Parker
136  Daniel Cantin, McGill University
137  Ian Morrison/Jodrell Bank/University of Manchester
138  Spitzer Space Telescope/NASA/JPL-Caltech/Harvard-Smithsonian CfA
139  HST/NASA/STScl
140 t  HST/NASA/STScl b HST/NASA/STScl
141  HST/NASA/STScl
142-143  HST/CXCSAO/NASA/STScl
144 bl  ESO r ESO
145 t  HST/NASA/STScl r Spitzer Space Telescope/NASA/JPL-Caltech/Harvard-
      Smithsonian CfA
146 t/b  T. A. Rector, B. A. Wolpa/NOAO/AURA
147  NASA
148  ESO
149 t  HST/NASA/STScl b ESO
150-151  NASA/ESA/Hubble SM4 ERO Team t ESO
152  NRAO
153 t  NASA/ESA/H.E. Bond/STScl
154  NASAE/SA/SSC/CXC/STScl
155  Hubble: NASA/ESA/D. Q. Wang, University of. Massachusetts, Amherst/
      Spitzer Space Telescope/ NASA,/JPL/S. Stolovy, SSC/Caltech
156  ESO/S.Brunier
156 l  Nik Szymanek r ESO/S. Brunier
158 t  NASA/ESA/M. Livio/STScl b AURA/NOAO/NSF
159  NASA/JOL/Caltech/STScl
160 t/m  HST b ESO
161 t  NASA/JPL/Caltech/STScl b ESO
162  NASA/JPL/Caltech/STScl
163  Subaru/NAOJ
164  ESO
165  Greg Parker
166 t  J.-C. Cuillandre, CFHT/CFHT b Spitzer Space Telescope/NASA
167 t  Spitzer Space Telescope/NASA b NASA/HST
168  NASA/HST/STScl
169 t  NASA/ESA/Hubble Heritage Team/STScl/AURA b NRAO/NSF b Brad
      Whitmore, NASA  b ALMA/ESO/NAOJ/NRAO
170 t  B. Whitmore NASA/STScl  b X-ray: NASA/CXC/SAO/J.DePasquale; IR:
      NASA/JPL-Caltech; Optical: NASA/STScl
171 t  J. A. Biretta et al., Hubble Heritage Team, STScl/AURA/NASA b NASA,/
      National Radio Astronomy Observatory/National Science Foundation/John
      Biretta, STScl/JHU, Associated Universities, Inc.
173  NASA/ESA/R. Williams/HUDF team
174  NASA/ESA/William Keel/Hanny van Arkel
175 t  ESA/NASA/J.-P. Kneib/R. Ellis, Caltech bl NASA/ESA br J. Rhoads, STScl/
      WIYN/AURA/NOAO/NSF
176  NASA/ESA/STScl
177  WMAP Science Team/NASA

# 찾아 보기

## 숫자·영문

| | |
|---|---|
| GalaxyZoo.org | 174 |
| HD44179 | 140 |
| HD209458 | 115 |
| HD209458b | 115 |
| HED(Howardite-Eucrite-Diogenite) | 70 |
| HiRISE | 68 |
| IC 2118 | 130 |
| LCROSS 미션 | 25 |
| LIGO | 136 |
| M33 X-7 | 166 |
| M82 | 167 |
| M87 은하 | 171 |
| NGC 2419 | 162 |
| RSL(Recurring Slope Lineae) | 68 |
| SDSS 광학망원경 | 174 |
| SN1987A | 160 |
| V838 모노세로티스 | 153 |
| WMAP | 177 |
| X선(엑스선) | 33 |

## ㄱ

| | |
|---|---|
| 가니메데 | 80 |
| 가스 고리 | 143 |
| 가시광선 | 32 |
| 각운동량의 보존법칙 | 35 |
| 갈릴레이 위성 | 78 |
| 갈색 왜성 | 117 |
| 감마선 | 33 |
| 강아지별 | 107 |
| 거대강입자가속기 | 157 |
| 게성운 | 144, 148 |
| 고리 성운 | 138 |
| 고양이 눈 성운 | 142 |
| 골디락스 영역 | 132 |
| 과염소산염 | 63 |
| 광도 곡선 | 114 |
| 구상성단 | 150, 162, 171 |
| 구세프 분화구 | 64 |
| 국부은하군 | 166, 176 |
| 극$^{polar}$성 | 120 |
| 근일점 | 44, 98 |
| 금성 | 46 |

## ㄴ

| | |
|---|---|
| 나선팔 | 156 |
| 나선형 은하 | 172 |
| 내향성 폭발 | 149 |
| 노란색 벌지 | 156 |
| 뉴 호라이즌호 | 97 |
| 니어 슈메이커$^{NEAR Shoemaker}$호 | 69 |
| 닐 암스트롱 | 22 |

## ㄷ

| | |
|---|---|
| 다섯쌍둥이 성단 | 155 |
| 다환 방향족 탄화수소PAHs | 140 |
| 달의 바다 | 20 |
| 대류환 | 125 |
| 대마젤란운 | 158 |
| 대적점(GRS) | 76 |
| 대충돌$^{Great Bombardment}$ | 21 |
| 데이모스 | 54 |
| 델타 세페이 | 128 |
| 도플러효과 | 128 |
| 독수리 성운 | 146 |
| 돈키호테 미션 | 53 |
| 동반성 | 112, 143 |
| 동쪽의 바다 | 29 |
| 딥 임팩트 우주선 | 72 |
| 딥 필드 | 176 |
| 뜨거운 목성 | 115 |

## ㄹ

| | |
|---|---|
| 라디오파 | 33 |
| 레이저 간섭계 중력파 관측소 | 136 |

## ㅁ

| | |
|---|---|
| 마녀 머리 성운 | 130 |
| 마스 익스프레스 | 57 |

마이크로파 33
마젤란운 158
먼지 덩어리 135
모래시계 바다 58
목성 74
무모 이론 152
미라 116
미마스 82

## ㅂ

바우 쇼크 116
반영<sup>penumbra</sup> 34
방패 – 궁수자리 156
백반<sup>faculae</sup> 34
백색 왜성 107, 141
밴앨런대 74
벌컨 41
베스타 70
베텔기우스 124
베텔기우스 항성 130
변광성 116, 128
변광 주기 128
보이저 1호 100
보이저 2호 94, 101
본영<sup>umbra</sup> 34
북극광 16

붉은 직사각형 성운 140
블랙홀 152
비너스 익스프레스호 47, 49
비틀주스 124
빅뱅 이론 128

## ㅅ

사냥꾼의 어깨 124
사다리꼴 성단 134
사상 수평선 152
삼중성 117
상대성이론의 공식 136
생명의 근원 120
석탄 자루 성운 122
섬우주 157
성간 가스 157
성간 먼지 172
세드나 98
세레스<sup>Ceres</sup> 71
세븐 시스터스 117
세페이드 변광성 126, 128
소마젤란운 161
소용돌이 은하 168
소행성 279 툴레 73
소행성대 70
솔라 오비터<sup>Solar Orbiter</sup> 35

솜털 입자 52
수성 42
수성의 궤도 44
스타더스트 탐사선 72
스푸트니크 1호 15
스피릿 탐사선 64
스피처 우주망원경 122
시공간 136
시리우스 107
시차<sup>parallax</sup> 109
식쌍성 114
쌍성 112, 116, 143
쌍성 SS433 152
쌍성계의 회전축 114

## ㅇ

아르케스 성단 155
아벨 은하군 175
아인슈타인의 상대성이론 136, 175
아포피스 53
아폴로 11호 20
아폴로 18호 미션 27
아폴로도로스 분화구 44
안드로메다은하 164
안드로메다은하의 나선팔 162
안테나 은하 170

# 찾아 보기

| | | | | | |
|---|---|---|---|---|---|
| 알골 | 114 | 우주 마이크로파 배경복사 | 177 | 중력파 | 136 |
| 알파 센타우리 | 106 | 우주의 방랑자 | 99 | 중성자별 | 145, 152 |
| 알파 센타우리 A | 106 | 우주진 | 52 | 직녀성 | 51 |
| 알파 센타우리 B | 106 | 워블링 현상 | 152 | 질소 여기원자 | 138 |
| 알파 수소 | 50 | 원시행성계 원반 | 135 | | |
| 암흑 물질 | 157 | 위대한 설계 | 168 | **ㅊ** | |
| 애쎈 광 | 46 | 위르뱅 르베리에 | 41 | 창조의 기둥 | 146 |
| 에로스 | 69 | 윌리엄 허셜 | 156 | 채층 chromosphere | 31 |
| 에스키모 성운 | 141 | 유럽우주기구(ESA) | 35 | 처녀자리 은하단 | 172 |
| 에타 카리나이 | 148 | 유로파 | 80 | 천문학적 시간 단위 | 142 |
| 엔셀라두스 | 90 | 은하계 사이의 방랑자 | 162 | 천왕성 | 92 |
| 엡실론 에리다니 | 108 | 은하 헤일로 | 150 | 초신성 폭발 | 70, 144, 158 |
| 여명호 | 70 | 이아페투스 | 88 | 초은하단 | 170 |
| 오르트 구름 | 99, 102 | 이오 | 78 | | |
| 오리온 대성운 | 134 | 이중성 | 112, 117 | **ㅋ** | |
| 오리온자리 | 130 | | | 카스토르 항성계 | 112 |
| 오메가 센타우리 | 150 | **ㅈ** | | 카시니 간극 | 82 |
| 오벌 BA | 76 | 자오멍푸 분화구 | 45 | 카시니 우주선 | 75, 89 |
| 오퍼튜니티호 | 65, 70 | 자외선 | 33 | 카이퍼 벨트 | 97 |
| 올림푸스몬스 화산 | 60 | 적색 신성 | 153 | 칼로리스 분지 | 44 |
| 와일드 – 2 | 72 | 적외선 | 33 | 칼리스토 | 80 |
| 왜소 행성 | 71, 97 | 제트 분출 | 171 | 컬럼비아 우주왕복선 | 64 |
| 외향성 폭발 | 149 | 주계열성 | 112 | 케플러 22b | 121, 132 |
| 요한 슈뢰터 | 24 | 주기혜성 | 72 | 케플러 망원경 | 132 |
| 우주 공간 | 136 | 주요 면 | 156 | 케플러 우주망원경 | 121 |
| 우주년 | 154 | 중력렌즈현상 | 175 | 켄타우루스 성좌 | 106 |

켄타우루스자리 103
코로나그래프 30
코로나 홀 33
코마<sup>coma</sup> 40
코페르니쿠스의 광조 26

**ㅌ**

타원은하 170
타원형 은하 172
타이탄 89
타임 슬립 56
태양계 102
태양권의 경계 101
태양에너지 37
태양의 흑점 124
태양풍 16
태양향점 51
템펠1 72
토성 82
토성 북극의 육방 구조 86
토성의 고리 82
토성의 바큇살 84
토양의 결지성 89
톨리만 106
톨린<sup>tholin</sup> 98
트랭퀼리티 베이스<sup>Tranquility Base</sup> 22

트로이 소행성군 74
트리톤 96
티타우리 130

**ㅍ**

펄스 116, 145
페르세우스자리 114, 156
포말하우트 110, 135
포보스 55
표준 촉광 126
프란츠 본 파울라 그루이투이젠 46
프록시마성 103
프록시성 106
프톨레마이오스의 천동설 26
플랑크 우주선 177
플레이아데스성단 117
피닉스 우주선 62

**ㅎ**

하니 반 아르켈 174
하야부사 미션 53
합병 현상 170, 172
항성풍 143
해왕성 94
행성상 성운 126, 138
행성 엡실론 108

허블 망원경 176
허블 우주망원경 18, 160
헬리오스 2 35
헬리오포즈 101
현대 우주론 176
혜성 40, 83
혜성 아렌드 롤란드 99
호이겐스 89
화성 54
화성 연구 57
화성의 분화구 64
화성 정찰위성 57
황도광 51
흑점 32, 34
히파르코스 109

# 작가에 대하여

지은이 **브라이언 메이**<sup>Brian May</sup>

PhD. CBE, ARCS, FRAS, Liverpool John Moores 대학 총장. 록 그룹 퀸의 기타리스트, 송라이터, 프로듀서. 2012년 퀸의 'We Will Rock You' 공연의 프로듀서이자 음악 감독으로 런던 도미니언 극장에서 공연 10주년을 자축했다. 태양 행성 간 먼지에 대한 연구를 해왔으며, 패트릭 무어 경, 크리스 린톳과 함께 《우주 역사의 완성(Bang! The Complete History of the Universe)》를 집필했다. 사진작가 엘레나 비달과 함께 19세기 입체 사진작가 T. R. 윌리엄스의 작품을 21세기의 첨단 3D 사진으로 편성한 《A Village Lost and Found》를 출간했다. BBC의 TV 프로그램 〈The Sky at Night〉에 정기적으로 출연하고 있으며 he Mercury Phoenix Trust와 The British Bone Marrow Donor Association 등을 정기적으로 후원하고 있다. 또한 Save-Me 캠페인의 창시자로 야생동물의 복지와 사냥 등 유혈 스포츠 폐지에 힘쓰고 있다. 브라이언 메이는 웹사이트www.brianmay.com를 통해 자신의 팬들과 소통하고 있다.

지은이 **패트릭 무어 경**<sup>Patrick Moore</sup>

CBE, FRS, FRAS, 달 연구 전문가이자 근대 천문학의 선구자로 수많은 후세대 천문학자들에게 영감을 주고 있다. 그가 진행하는 BBC TV 쇼 〈The Sky at Night〉은 방송 역사상 매우 이례적으로 장수하는 프로그램으로 1957년부터 방영해오고 있으며 지난 2012년 55주년을 맞았다. 또한 우주 및 천문학과 관련하여 수많은 TV와 라디오 프로그램에 출연했다. 수많은 저서와 기고문 등이 있으며 영국학사원의 회원, 영국천문학회의 부회장, 영국천문학협회의 명예부회장, 국제천문연맹의 회원, 천문학역사회 명예부회장 등을 역임했다. 다수의 영국 대학에서 12개의 명예학위를 수여했고 음악에도 재능을 보여 100여 곡을 작곡했으며, 영국 왕립 해군 군악대를 위한 행진곡도 있다. 여우 사냥을 반대하는 운동가이며, 여러 자선단체에서 활동하면서 현재는 그의 쇼에도 자주 출현하는 고양이 프톨레미와 함께 살고 있다.

지은이 **크리스 린톳**<sup>Chris Lintott</sup>

PhD, FRAS, 옥스퍼드 대학 물리학과의 연구원이자 뉴 칼리지의 선임 연구원이다. 은하의 형성과 진화에 대해 연구하고 있으며, Zooniverse.org 단체를 설립하고 수십만 명의 회원들과 함께 연구 활동을 이어가고 있다. 또 시민들이 연구에 직접 참여할 수 있는 프로젝트를 개발하는 시민과학연대의 회장을 역임하고 있다. 지난 2011년에는 콘 상(Royal Society Kohn Award)을 수여하기도 했다. BBC의 장수 프로그램 〈The Sky at Night〉의 공동 진행자로 지난 2000년부터 출연해왔다. 천문학 외에도 와인과 요리, 오페라와 토르키 유나이티드 FC 그리고 시카고 파이어의 팬이기도 하다.

053 가장 긴 여행 100

054 태양계의 마지막 정거장 102

055 태양과 가장 가까운 이웃 106

056 시리우스 107

057 태양계 밖의 가장 가까운 행성 108

058 별은 얼마나 멀리 있는가? 109

059 어린 외계 행성 110

060 '쌍둥이 별' 중 하나 112

061 깜빡거리는 악마 114

062 꼬리를 가진 행성 115

063 미라의 눈부신 꼬리 116

064 세븐 시스터스 117

065 골디락스 영역 안에서 120

066 석탄 자루 성운 122

067 적색 초거성 124

068 전시회의 그림 126

069 표준 촉광 128

070 마녀의 머리 130

071 지구 크기의 행성 132

072 오리온의 검 안에서 134

073 아인슈타인의 이론을 검증하다 136

074 고리 성운 138

075 붉은 직사각형 성운 140

076 에스키모 성운 141

077 고양이 눈 성운 142

078 게성운 144

079 창조의 기둥 146

080 죽어가는 별 148

081 별들의 군단 150

082 우주의 코르크 마개 따개 152

083 미스터리 별 153

084 우리 은하의 중심으로 떠나는 여행 154

085 더 밀키 웨이 156

086 우리 은하의 동반운 158

087 현세대의 가장 큰 폭발 160

088 더 서드 시스터 161

089 방랑자와의 만남 162

090 거대한 나선은하 164

091 은하계의 갱단 166

092 담배 한 대 피워보시겠습니까? 167

093 소용돌이 은하 168

094 충돌하는 은하 170

095 별들의 도시 171

096 처녀자리 은하단 172

097 초록색 도깨비불 174

098 벤딩 라이트 175

099 무한 그리고 그 너머 176

100 빅뱅의 메아리 177

끝맺는 말 178

상상 우주여행객을 위한 실용적인 조언 179

용어 사전 182

이미지 저작권 186

찾아 보기 188

# 머리말

우리 세 우주비행사는 예전에 《우주 역사의 완성<sup>Bang!</sup> The Complete History of the Universe》를 두 해에 걸쳐 집필한 바 있다. 우주가 형성되는 과정에 대한 전반적인 이야기를 순차적으로 다루면서 관심 있는 이라면 누구나 쉽게 읽을 수 있게 구성한 이 책은 현재 4판까지 인쇄되었으며, 15개 언어로 출간되는 등 큰 인기를 누리고 있다. 이 책이 인기를 끌고 있는 이유는 아마 현재 우리가 속해 있는 우주에 대한 새로운 발견이 인류 전체에 영향을 미칠 만큼 중요할 뿐만 아니라, 이 넓은 우주 안에서 나 자신의 존재를 다시 한 번 돌아볼 수 있는 새로운 경험을 선사해주기 때문일 것이다.

그리고 우리는 과거의 성공에 힘입어 《Big Question: 우주<sup>The Cosmic Tourist</sup>》라는 새 책을 여러분께 선보이고자 한다. 우리가 살고 있는 지구에서부터 관측 가능한 우주 끝까지의 여정을 담은 이 책에서 우리는 현재까지 알려진 우주의 명소 중 100개의 관광지를 선정하여 담았다.

독자 여러분은 www.BangUniverse.com에 접속하면, 두 저서에 대한 최신 뉴스를 접할 수 있을 것이다.

이 책이 나오기까지 도와준 세라 브리커스<sup>Sara Bricusse</sup>, 줄리아 나이트<sup>Julia Knight</sup>, 프톨레미<sup>Ptolemy</sup>(패트릭의 고양이), 데릭 워드-톰프슨<sup>Derek Ward-Thompson</sup>, 닐 리딩<sup>Neil Reading</sup>, 노아 페트로<sup>Noah Petro</sup>, 이언 니콜슨<sup>Iain Nicolson</sup> 그리고 필 머리<sup>Phil Murray</sup>에게 감사의 말을 전한다.

브라이언 메이<sup>Brian May</sup>
패트릭 무어<sup>Patrick Moore</sup>
크리스 린톳<sup>Chris Lintott</sup>

2012년 7월

## 단위에 대한 정의

1광년=9,460,730,472,581km

1광시=1,079,252,850km

1광분=17,987,547.5km

1광초=299,799km

## 분류에 대한 정의

88개의 성좌 내에서 가장 밝은 별들에는 이름이 붙여졌다. 예를 들어 오리온의 베텔기우스처럼 말이다. 그러나 성좌 내의 밝은 별들과 상대적으로 덜 밝은 별들은 그리스 문자로도 분류된다. 예를 들면 성좌명과 함께 밝기 순으로 알파, 베타, 감마 등으로 붙여진다. 그 때문에 베텔기우스는 알파 오리온스라고 불리기도 한다. 우리 은하 밖의 은하와 성운들은 메시에(M) 목록과 NGC 항성 목록 혹은 카드웰(C) 목록 등으로 구분되기도 한다. 예를 들어 안드로메다은하의 경우 M1이라 불리기도 한다. 앞으로 우리의 여정에서 방문지에 일반적인 이름이 없는 경우에는 목록 번호로 부를 것이다.

# 독자들에게 드리는 말씀

이 책에서 우리는 독자 여러분을 특별한 우주여행에 초대할 것이다. 이 여행은 아마 여러분의 상상을 훨씬 뛰어넘는 여행이 될 것이다. 우리는 우주에서 가장 좋아하는 명소 100선을 택하여 독자 여러분과 함께 여행을 떠날 것이다. 이 명소들은 여러분께 엄청난 장관을 선보일 뿐만 아니라, 흥미로우며, 무엇보다 우리 저자들이 정말 좋아하는 곳이다. 각 여행 장소는 나름의 이야깃거리를 가지고 있다. 우리는 가장 가까운 지구부터 시작하여, 현재까지 알려진 관측 가능한 우주까지 차근차근 밖으로 나가볼 것이다.

우리가 어떻게 이 먼 곳까지 여행할 수 있을까? 설령 우리가 물리적으로 가장 빠른 빛의 속도에 도달한다 할지라도, 인간의 수명 내에 여행할 수 있는 거리는 그리 멀지 않다(물론 아인슈타인의 일반상대성이론에 따라 실제로 빛의 속도에 달할 수만 있다면, 지구에서 수천 년이 흐른다 해도 빛의 속도로 여행하는 우리는 거의 나이를 먹지 않을 것이다). 그러나 다행히 우리가 이 책에서 탑승할 상상 우주선은 매우 특별하게 제작되었다. 이 우주선의 이름은 프톨레미이며(이웃 패트릭의 고양이 이름을 따서 지었다) 우리의 여행을 아주 단순하게 이끌어줄 것이다. 우리가 이 우주선에 우주의 특정 좌표를 입력하면 프톨레미호가 바로 그곳으로 이끌어줄 것이다.

그러나 단위에 대해서는 고민이 좀 필요하다. 지구에서 쓰이는 단위는 태양계

에서조차도 효과적이지 못하다. 예를 들어 지구와 태양의 거리를 측정하는 데 km를 적용하는 것은 마치 영국에서 모스크바까지의 거리를 cm로 측정하는 것과 비슷할 정도로 비효율적이다. 일반적으로 우주에서의 단위는 빛을 기준으로 한다. 빛은 초당 300,000km를 이동한다. 물론 이마저도 프톨레미호의 최고 속도에는 미치지 못하겠지만, 인간에게는 상상도 할 수 없을 정도로 매우 빠른 속도다. 우리는 지구에서 방문 장소까지의 거리를 측정할 때 빛으로 이동할 경우 얼마나 오랜 시간이 걸리는지를 기준으로 설명할 것이다. 태양계 내의 행성을 방문하는 데는 몇 광초에서 몇 광분 정도의 시간밖에 걸리지 않을 것이다. 하지만 태양의 이웃 항성을 방문하려면 아마 수백 광년의 시간이 필요할 것이다. 이 같은 개념을 이해하는 일은 다소 어려울 수도 있다. 우리가 일상에서 접하는 개념과 매우 거리가 멀기 때문이다. 그러나 앞으로의 여행을 통해 여러분은 이 개념에 익숙해질 것이다. 아마도 여러분은 이미 먼 우주의 별에서 오는 빛이 현재가 아닌 먼 과거의 빛이라는 사실에는 익숙할 것이다. 천체가 지구로부터 멀리 떨어져 있을수록, 우리는 보다 먼 과거를 보고 있는 것이다. 놀랍게도 우리는 밤하늘에서 2600만 광년이나 떨어진 안드로메다은하를 볼 수 있다. 아마 실제 안드로메다은하는 우리가 지금 보고 있는 모습과 많이 다를지도 모른다. 우리는 앞으로 2600만 광년이 지나야 이를 확인할 수 있을 것이다. 하지만 우리가 타고 갈 프톨레미호는 우주 공간 내에서 즉각 이동이 가능하기 때문에 우리의 방문 장소가 현재 어떤 모습인지 바로 보여줄 수 있을 것이다.

더 이상의 스포일러를 피하기 위해, 설명은 이쯤 해두는 것이 좋을 듯싶다. 다만 명심할 것은 앞으로 여러분이 이 책의 어느 곳을 방문한다 할지라도, 우리는 여전히 21세기에 살고 있을 것이라는 점이다. 그리고 여행이 끝났을 때 우리가 지났던 우주의 모든 지역이 거시적으로 보면 매우 비슷하다는 점을 발견하게 될 것이다. 이것은 오늘날 우주론에 대한 가장 기초적인 믿음에서 비롯된다. 즉 우주에는 중심이 존재하지 않으며, 모든 것은 한때 하나의 점에서 빅뱅으로 출발했다는 것이다. 이 점은 이제 팽창하여 우주의 모든 곳에 흩어져 있다. 그렇지만 앞으로 우리는 관측 가능한 우주를 돌아다니면서 엄청나게 많은 신비한 광경을 볼 수 있을 것이다. 그것은 여러분이 공상과학소설에서 보아왔던 모든 것을 뛰어넘을 것이다. 우주의 아름다움은 끝이 없고, 어떤 우주여행자도 이 여행을 잊지 못할 것이다.

자, 이제 갈 길이 멀다. 우리 우주비행사들은 여러분을 모실 준비가 되었다. 앞으로 볼거리들이 정말 많을 것이다.

프톨레미호는 이 우주여행을 위해 많은 장비를 갖추었다. 이 장비들은 여러분을 방사선과 추위와 중력장 등으로부터 지켜줄 것이다. 물론 장착된 센서와 필터를 통해 맨눈으로 우주를 관측하는 일도 가능하다.

이제 안전띠를 매고 출발해보자. 즐거운 여행이 되기를 바란다.

# 행성 지구

　지구는 앞으로 우리가 우주를 여행하면서 만나게 될 모든 천체를 통틀어 가장 친숙한 행성이다. 우리는 이미 일생의 대부분을 지구에서 보내고 있다.

　그러나 행성이라는 맥락에서 지구를 살펴보려면, 일단 우주로 나가야 한다. 이제 '프톨레미' 우주선에 몸을 싣고 우주여행의 첫걸음을 디뎌보자(물론 앞으로의 여정에 비하면 아주 작은 걸음이긴 하지만 말이다). 우선 해발 약 400km에 위치한 국제우주정거장(ISS) 옆에서 지구 상공 궤도를 돌아보자. 이 위치에서 본 행성 지구의 모습은 웅장하기 그지없다. 푸른 바다와 대조되는 갈색과 녹색의 대륙 그리고 고산에 쌓인 만년설의 하얀색은 변화무쌍한 구름과 층으로 나뉘어 조화를 이룬다.

　오늘날의 관점에서 생각해보면 초기 인류가 지구는 평평하다고 믿었다는 사실, 그리고 불과 몇 세기 전까지만 해도 지구가 우주의 중심이자 모든 하늘이 지구를 중심으로 돌아간다고 생각했던 일은 믿기 힘들다. 물론 오늘날 우리는 과거에 비해 많은 지식의 발전을 이루었다. 우리 지구는 변화에 노출되어 있으며, 이따금 예측을 불허하고, 과격하며, 통제 불능이기도 하다. 예를 들어 지구의 날씨를 통제하거나 쓰나미의 수위를 낮추는 일은 불가능하다. 그러나 우주에서 보면, 폭풍의 이동 경로나 식물의 확산 등이 확연히 눈에 들어온다.

　물론 지표면에서 우리가 볼 때 지구는 사람과 동물들로 바글바글한 것처럼 보이지만, 지구 밖에서 볼 때도 생명의 흔적을 찾아볼 수 있을까?

　만약 여러분이 우주여행을 하는 외계인이고 우연히 지구 옆을 지나게 되었다

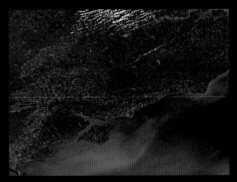

패트릭 무어 경이 보내온 셀세이 빌(영국해협에 돌출된 부분) 사진. 무어 경은 영국 상공 바로 오른쪽에 위치(아일 오브 와이트).

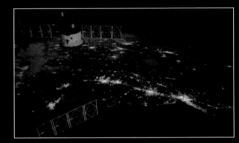

미국 동부 해협 중 워싱턴 DC 주변부터 로드아일랜드 주까지의 사진.